1 **a** Die graue Fläche A lässt sich auf verschiedene Arten berechnen.

Paul gibt für die Berechnung der grauen Fläche folgenden Term an:
$A = (a-c) \cdot (b-d) + c \cdot (b-d) + d \cdot (a-c)$

- Teile die Figur so auf, dass sie Pauls Flächenterm entspricht.
- Beschreibe, wie Paul zu diesem Term kommt.
- Finde einen anderen Term, mit dem sich die graue Fläche berechnen lässt.

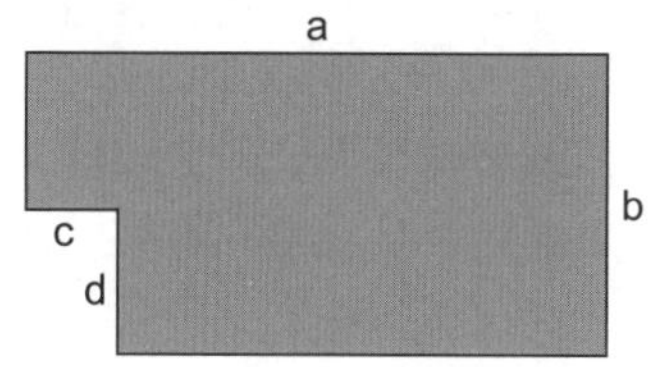

b Verwandle jeweils die Produktterme in Summenterme und die Summenterme in Produktterme.

I. $\left(2b + \frac{3}{4}c\right) \cdot \frac{5}{2}c$

Tipp
Klammern auflösen. ■

II. $\left(0{,}125a + \frac{1}{2}b\right) \cdot (8x - 40y)$

III. $0{,}2a \cdot c + \frac{1}{5}c^2$

Tipp
Gemeinsame Faktoren ausklammern.
$x \cdot x = x^2$ ■

IV. $1{,}2a \cdot c + \frac{3}{5}a \cdot d + 14b \cdot c + 7b \cdot d$

2 Nutze deine Kenntnisse über Rechengesetze und finde jeweils einen einfacheren gleichwertigen Term.

a $0{,}125a - \left(8 - \frac{4}{3}a - 5{,}25b + \frac{1}{8}a\right) - \left[\frac{5}{6}a - \frac{3}{2}(4b+4) - 27\right]$

b $8a \cdot (0{,}875 + b) - 3b \cdot \left(0{,}5 - \frac{5}{21}b\right) \cdot (7a - 2)$

c Wurden die Terme richtig umgeformt? Korrigiere, falls notwendig.

$16ab - (3{,}75a + 2) \cdot \left(\frac{32}{8} - 2b\right) = 16ab - (15a + 7{,}5ab + 8 - 4b)$

$-2{,}75cd - \frac{7}{4}df + 0{,}25d(3g - 2{,}6h) = -0{,}25d \cdot [11c + 7f - (-3g + 2{,}6h)]$

3 **a** Hier sind Rechtecke in Teilflächen zerlegt worden.

I. II. III.

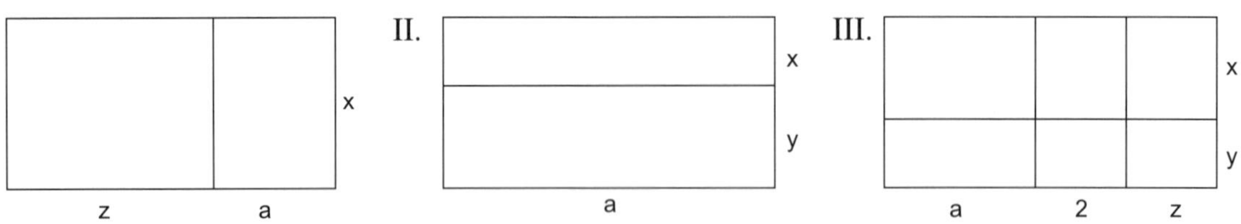

Gib jeweils die Gesamtfläche als Produktterm und als Summenterm aller Teilflächen an.

b Zeichne zu folgenden Flächentermen mögliche Rechteckflächen. Ist der Term als Summenterm gegeben, schreibe den Term als Produktterm. Ist der Term als Produktterm gegeben, schreibe den Term als Summenterm.

Tipp

Die Faktoren im Produktterm stehen jeweils für eine Seite des Rechtecks. ■

I. $A = a \cdot (2 + 4b)$

II. $A = 2a \cdot b + 2a \cdot c$

III. $A = (a + b) \cdot (a + c)$

4 Ordne jeder der drei binomischen Formeln die richtige Rechengeschichte zu.

1. binomische Formel:
$(a+b)^2 = a^2 + 2ab + b^2$ gehört zu Rechengeschichte _____

2. binomische Formel:
$(a-b)^2 = a^2 - 2ab + b^2$ gehört zu Rechengeschichte _____

3. binomische Formel:
$(a+b)(a-b) = a^2 - b^2$ gehört zu Rechengeschichte _____

Tipp

Achte genau auf die unterschiedlichen Formulierungen in ähnlich klingenden Rechengeschichten. ■

I. Das Produkt aus der Summe und der Differenz zweier Zahlen ist gleich dem Quadrat der Differenz der beiden Zahlen.

II. Das Quadrat der Differenz zweier Zahlen ist gleich dem Quadrat der Summe der Zahlen, vermindert um das doppelte Produkt der beiden Zahlen.

III. Das Produkt aus der Summe und der Differenz zweier Zahlen ist gleich der Differenz der Quadrate der beiden Zahlen.

IV. Das Quadrat der Summe zweier Zahlen ist gleich der Summe der Quadrate der Zahlen, vermehrt um das Produkt der beiden Zahlen.

V. Das Quadrat der Differenz zweier Zahlen ist gleich der Summe der Quadrate der Zahlen, vermindert um das doppelte Produkt der beiden Zahlen.

VI. Das Quadrat der Summe zweier Zahlen ist gleich der Summe der Quadrate der Zahlen, vermehrt um das doppelte Produkt der beiden Zahlen.

5 Zeichne zu folgenden binomischen Formeln die Teilflächen in die vorgegebenen Quadratflächen. Schreibe in die Teilflächen die jeweiligen Flächenterme hinein.
Halte am Schluss die binomischen Formeln als Summenformeln unter den Quadratflächen fest.

I. $A = (a+b)^2$

II. $A = (2a+3b)^2$

III. $A = (a-2b)^2$

6

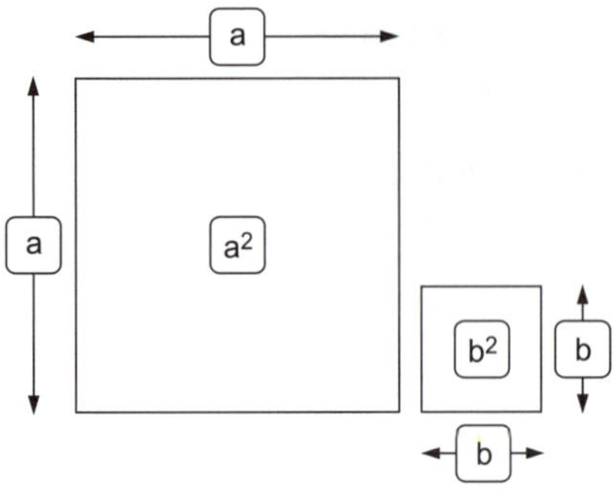

Fabian möchte sich ausgehend von zwei Quadraten mit den Seitenlängen a bzw. b die 3. binomischen Formel anhand von Teilflächen veranschaulichen. Als er nicht mehr weiterkommt, gibt ihm Martha ihre Zeichnungen. Kannst du die Zeichnungen so beschriften, dass sie die 3. binomische Formel veranschaulichen? Trage dazu die Seitenlängen und die Formeln für die Flächeninhalte der grauen Teilflächen in die abgerundeten Kästchen ein.

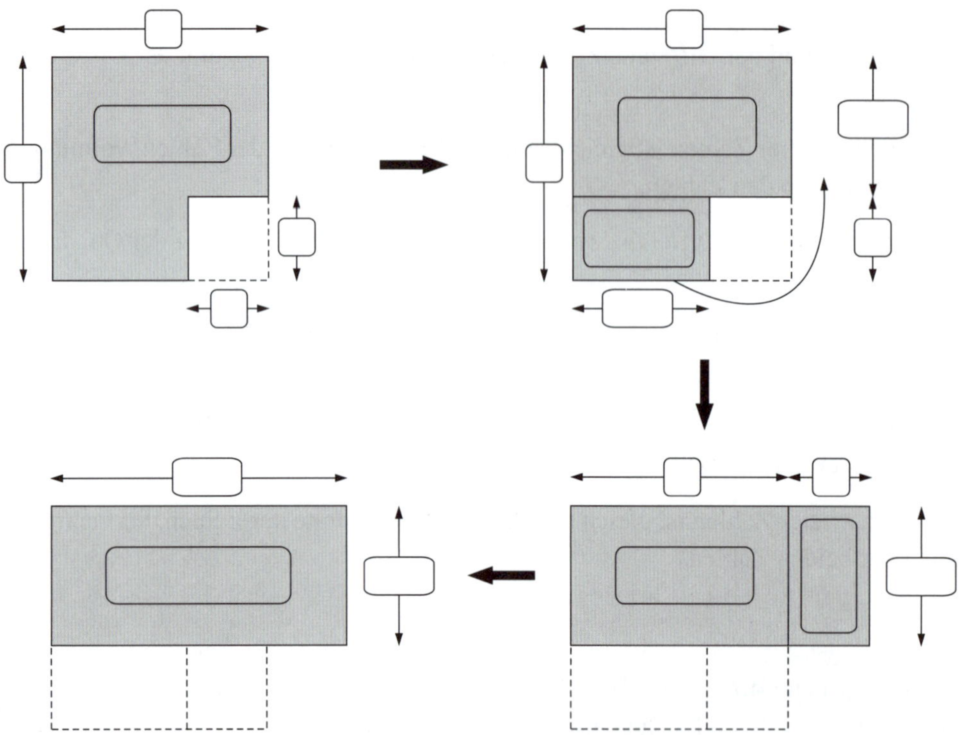

7 Wende die binomischen Formeln an und vereinfache, wenn möglich.

Tipp

Beachte den Aufbau der Klammern. ■

I. $(2a+3b)^2+(4a-3b)^2$

II. $(2a+3b)\cdot(3a-2b)\cdot(2a-3b)$

III. $(18t-12s)^2-68t^2+48st$

8 a Hier wurde gekleckst. Lisa sagt: „Das ist kein Problem, mit meinem Wissen über binomische Formeln kann ich die Kleckse beseitigen.“ Du kannst das sicherlich auch. Schreibe in die Kleckse.

$81x^2 \; \square \; \square + 0{,}09y^2 = (\square - \square)^2$

$\square \; x^2 - 5xy + 9y^2 = \left(\frac{5}{6}x \; \square \; \square\right)^2$

$\frac{16}{49} - \square = \left(\square + \frac{1}{7}a\right) \cdot (\square - \square)$

Platz für Berechnungen:

b Ron hat bei der Anwendung der binomischen Formeln Fehler gemacht. Markiere die Fehlerstellen farbig und korrigiere sie.

I. $(8a - 4w)^2 = 84a^2 - 32aw - 16w^2$

II. $64 - 0{,}16s^2 = (8 - 0{,}04s) + (0{,}04s + 8)$

III. $\left(\frac{1}{6}x + 0{,}5y\right)^2 = \frac{1}{36}x^2 - \frac{1}{3}xyz + 2{,}5y^2$

9 Faktorisiere die folgenden Summenterme. Nutze jeweils eine binomische Formel.

I. $8x^2 - 4xy + \frac{1}{2}y^2$

Tipp

Klammere zunächst aus, sodass man die binomischen Formeln anwenden kann. ■

II. $0{,}6ca^2 + \frac{12}{5}abc + 2{,}4cb^2$

III. $20a^2 - \frac{9}{5}b^2$

10 **a** Frederik soll eine 100 m^2 große quadratische Wiese als Gehege für Kaninchen, Meerschweinchen, Hühner und Enten in zwei quadratische und zwei gleich große rechteckige Teilflächen zerlegen. Dazu will er parallel zu der bereits existierenden äußeren Umzäunung der Wiese einen senkrecht und einen waagerecht verlaufenden Zaun einziehen. Er hat nur 1 m breite Zaunelemente zur Verfügung. Seine Tochter Lina sagt: *„Papa, du hast verschiedene Möglichkeiten. Ich kann dir sofort eine Möglichkeit für die Maße der Flächen angeben, die so entstehen. Das kleine Quadrat hat einen Flächeninhalt von 1 m^2, die beiden rechteckigen Teilflächen sind zusammen 18 m^2 groß und die andere quadratische Fläche ist 81 m^2 groß."*
Mit ihrer Aussage hat Lina recht. Allerdings gibt es noch weitere Möglichkeiten, die gesamte Wiese aufzuteilen.
Kannst du Frederik helfen, die vier weiteren Möglichkeiten zu finden?

Tipp
Fertige dir zunächst eine Zeichnung an, anhand derer du dir überlegen kannst, wie man auf Linas Lösung kommt. ■

1. Möglichkeit: 81 m^2 $2 \cdot 9$ m^2 1 m^2

2. Möglichkeit: ______ m^2 ______ m^2 ______ m^2

3. Möglichkeit: ______ m^2 ______ m^2 ______ m^2

4. Möglichkeit: ______ m^2 ______ m^2 ______ m^2

5. Möglichkeit: ______ m^2 ______ m^2 ______ m^2

b Frederik hat genauso viele Kaninchen wie Meerschweinchen. Enten hat er 4-mal weniger als Kaninchen, Hühner wiederum hat er 4-mal mehr als Meerschweinchen. Wenn die 4 durch Zäune abgetrennten Weideflächen im gleichen Verhältnis zueinander stehen sollen wie die Anzahlen der verschiedenen Tierarten, welche Möglichkeit der Aufteilung muss Frederik dann wählen?

1. Möglichkeit ☐ 2. Möglichkeit ☐ 3. Möglichkeit ☐
4. Möglichkeit ☐ 5. Möglichkeit ☐

11 Mithilfe der 1. binomischen Formel lassen sich die Quadrate von natürlichen Zahlen der Form $x \cdot 10 + 5$ mit Einerstelle 5 leicht berechnen, denn es gilt:

$$(x \cdot 10 + 5)^2 = (x \cdot 10)^2 + 2 \cdot x \cdot 10 \cdot 5 + 5^2 = x^2 \cdot 100 + x \cdot 100 + 25 = (x^2 + x) \cdot 100 + 25$$

Beispiel: $15^2 = (\mathbf{1} \cdot 10 + 5)^2$
…
$= (\mathbf{1}^2 + \mathbf{1}) \cdot 100 + 25 = 225$

Berechne nun die Quadrate der folgenden Zahlen im Kopf.

$25^2 =$ ______ $35^2 =$ ______ $55^2 =$ ______ $75^2 =$ ______ $105^2 =$ ______

12

a Pia hat folgende Gleichung gelöst. Ergänze an der Seite die Äquivalenzumformungen, die sie vorgenommen hat.

$$2 \cdot (9x + 22,5) = 9(10 + x)$$

$$18x + 45 = 90 + 9x \quad | \_\_\_\_$$

$$9x + 45 = 90 \quad | \_\_\_\_$$

$$9x = 45 \quad | \_\_\_\_$$

$$x = 5$$

$$\mathbb{L} = \{5\}$$

b Dimitri hat die Gleichung ebenfalls gelöst. Obwohl er das richtige Ergebnis herausbekommt, ist Dimitris Rechenweg falsch. Verbessere die Fehlerstellen und ergänze an der Seite die korrekten Äquivalenzumformungen.

$$2 \cdot (9x + 22,5) = 9(10 + x) \quad | \_\_\_\_$$

$$9x + 22,5 = 4,5(10 + x)$$

$$9x + 22,5 = 45 + 4,5x \quad | \_\_\_\_$$

$$13,5x + 22,5 = 45 \quad | \_\_\_\_$$

$$13,5x = 67,5 \quad | \_\_\_\_$$

$$x = 5$$

$$\mathbb{L} = \{5\}$$

c Leon hat beim Lösen einer Gleichung ein falsches Ergebnis herausbekommen, aber er kann den „verflixten“ Fehler einfach nicht finden. Zeige, dass Leons Lösung $x = 3$ keine Lösung der Gleichung ist, indem du den Fehler findest. Verbessere und löse ab dort richtig.

Leons Lösungsweg:

$$y^2 - (y - 2,5)^2 - 4x = 5y - 0,25 + 2x$$

$$y^2 - y^2 + 5y - 6,25 - 4x = 5y - 0,25 + 2x$$

$$5y - 6,25 - 4x = 5y - 0,25 + 2x \quad |-5y$$

$$-6,25 - 4x = -0,25 + 2x \quad |+6,25$$

$$4x = 6 + 2x \quad |-2x$$

$$2x = 6 \quad |:2$$

$$x = 3$$

$$\mathbb{L} = \{3\}$$

13 **a** Löse die Gleichung $x\cdot\left(x-\frac{1}{2}\right)-\frac{1}{2}(a-1)^2+\left(\frac{1}{2}+x\right)\cdot(2-x)=0$ nach x auf.

Tipp

Löse die Gleichung nach x auf, sodass du folgenden Term erhältst: $x=\frac{1}{2}\cdot(a-1)^2-1$ ■

b Welche der Zahlen 0; 1; 2 und 3 darf man in obiger Gleichung für a einsetzen,

… um für x eine natürliche Zahl aus ℕ zu erhalten?

☐ 0 ☐ 1 ☐ 2 ☐ 3

… um für x eine ganze Zahl aus ℤ zu erhalten?

☐ 1 ☐ 0 und 1 ☐ 1 und 3 ☐ 0; 1 und 3

… um für x eine rationale Zahl aus ℚ zu erhalten?

☐ 0 ☐ 2 ☐ 0 und 2 ☐ 0; 1; 2 und 3

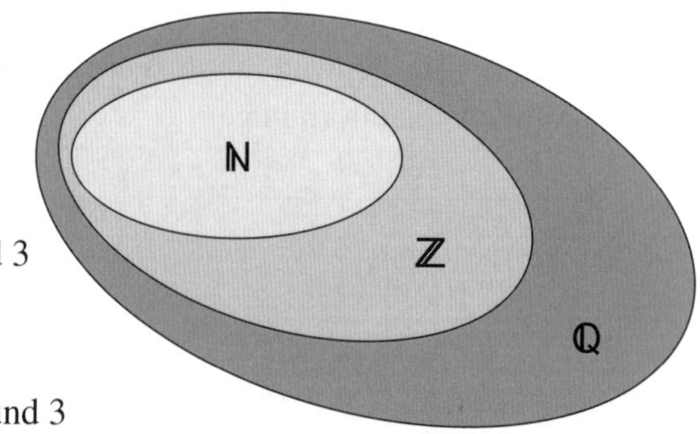

Platz für Berechnungen:

14 Das graue und das schwarze Rechteck haben den gleichen Flächeninhalt (alle Maße in cm). Ordne die entsprechende Gleichung zu.

a

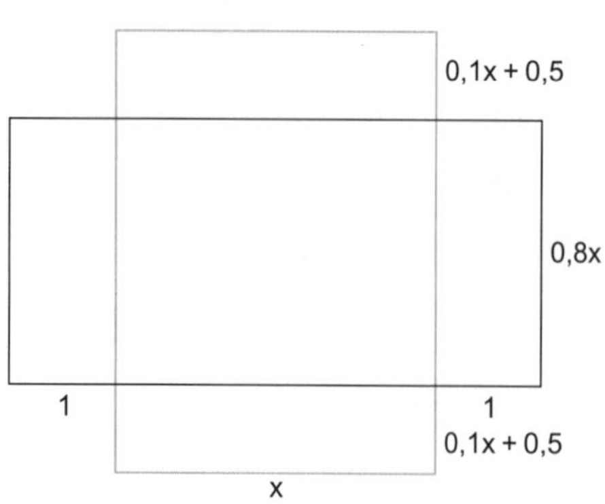

☐ $(x+2)\cdot(x+1)=x\cdot 0{,}8x$

☐ $x\cdot 0{,}8x=x\cdot(0{,}2x+1)$

☐ $(x+2)\cdot 0{,}8x=x\cdot(0{,}2x+1)$

☐ $(x+2)\cdot 0{,}8x=x\cdot(x+1)$

b

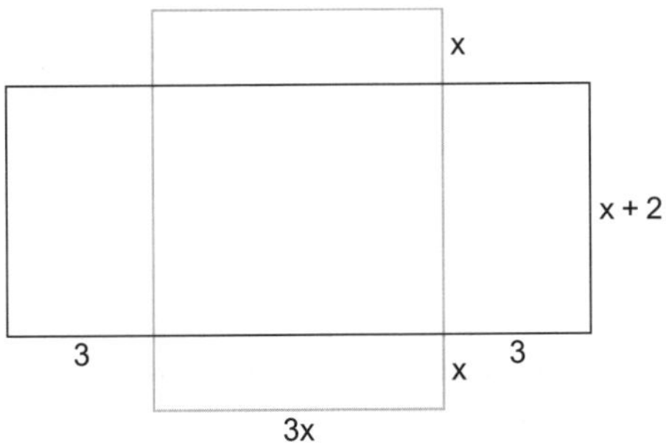

- [ ] $9x \cdot (x+2) = 3x \cdot x^2 \cdot (x+2)$
- [ ] $(6+3x) \cdot (3x+2) = 3x \cdot (x+2)$
- [ ] $(6+3x) \cdot (x+2) = 3x \cdot (3x+2)$
- [ ] $(6+3x) \cdot (x+2) = 3x \cdot 2x \cdot (x+2)$

c

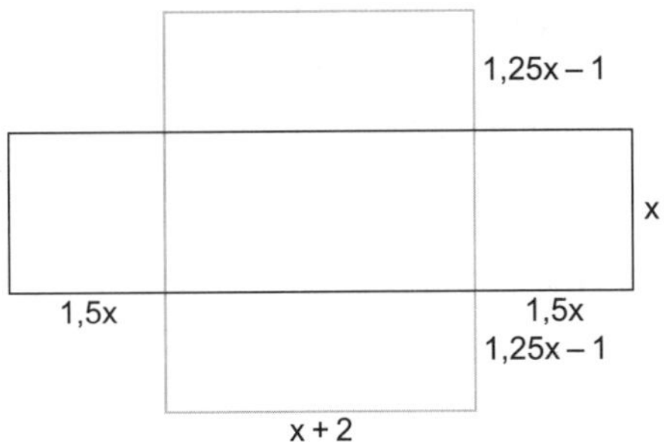

- [ ] $(2 \cdot 1{,}5x + x + 2) \cdot x = (x+2) \cdot 2 \cdot (1{,}25x - 1)$
- [ ] $(x+2) \cdot (2{,}5x - 2) = (4x+2) \cdot x$
- [ ] $(x+2) \cdot (3x - 2) = (3x+2) \cdot x$
- [ ] $(x+2) \cdot (3{,}5x - 2) = (4x+2) \cdot x$

15 **a** Ein Rechteck ist 4 cm länger und 2 cm schmäler als ein flächengleiches Quadrat mit Seitenlänge x. Berechne den Wert von x.

Tipp

Löse nach x auf. ■

b Ein Rechteck mit einer Länge von 3,5 cm und einer Breite von 7 cm wird um x verlängert und um 2x verbreitert. Danach entspricht sein Flächeninhalt dem einer Figur, die sich aus einem Rechteck mit den Seitenlängen 9,1 cm und 5 cm und zwei Quadraten mit der Seitenlänge x zusammensetzt. Berechne den Wert von x.

c Familie Schmidt hat zum Bau einer neuen Straße an zwei Seiten ihres quadratischen Grundstücks einen 4 m breiten Streifen an die Gemeinde verkauft. Dadurch wurde das Grundstück um 180 m^2 verkleinert. Wie groß war das Grundstück vorher?

16 Berechne in den folgenden Gleichungen (falls möglich) den Wert von x. Je nachdem welchen Wert du für x erhältst, lässt sich jeder Gleichung ein bestimmter Buchstabe zuordnen:

Zahl, die größer als 0 und kleiner als 2 ist → A
Zahl, die weder positiv noch negativ ist → H
gerade Zahl größer als 2 → M
gerade Zahl kleiner als 5 → T
negative rationale Zahl → E
keine Lösung → S

Trage hinter den Gleichungen jeweils den zugehörigen Buchstaben in das Kästchen ein. Von oben nach unten gelesen ergibt sich so ein Lösungswort.

a $(x+5)^2 - 10x - 26 = (x-3)^2 + 26$ ☐

b $12 \cdot (2x + 3{,}5) = 3{,}5 \cdot (4x - 4)$ ☐

c $(4x+3) \cdot (4x-3) - [(2x)^2 - 1^2] = 12x^2 - 6x - 2$ ☐

d $[7 - 3(5 - 2x)] = (1 - 3x) \cdot 2$ ☐

e $(x-5)^2 = x^2 + 5$ ☐

f $(x+2) \cdot (x+5) = (x+3) \cdot (x+4)$ ☐

g $(3-x)^2 = (3+x)^2$ ☐

h $(x+8) \cdot (x+2) = (x+5)^2$ ☐

17 Eine Schulklasse macht eine Umfrage. Auf die Frage: *„Welcher Bundesliga-Fußballverein aus NRW ist dein/Ihr Lieblingsverein?"* antworten insgesamt 3 118 Personen.
Das Umfrageergebnis sieht so aus:

Lieblingsverein	Bayer Leverkusen	Borussia Dortmund	FC Schalke 04	1. FC Köln	sonstiger Verein	kein Lieblings-verein
absolute Häufigkeit	212	686			611	
relative Häufigkeit	6,8 %		33,1 %		19,6 %	3,3 %

a Fülle die Tabelle aus. Runde die Ergebnisse sinnvoll.

Bei der Umfrage wurden die Antworten der Kinder/Jugendlichen und der Erwachsenen getrennt notiert.
Umfrageergebnis für Kinder/Jugendliche:

Lieblingsverein	Bayer Leverkusen	Borussia Dortmund	FC Schalke 04	1. FC Köln	sonstiger Verein	kein Lieblings-verein
absolute Häufigkeit	78	405	378	269	188	32
relative Häufigkeit	5,8 %	30,0 %	28,0 %	19,9 %	13,9 %	2,4 %

Umfrageergebnis für Erwachsene:

Lieblingsverein	Bayer Leverkusen	Borussia Dortmund	FC Schalke 04	1. FC Köln	sonstiger Verein	kein Lieblings-verein
absolute Häufigkeit	134	281	654	205	423	71
relative Häufigkeit	7,6 %	15,9 %	37,0 %	11,6 %	23,9 %	4,0 %

b Wie viele Erwachsene wurden befragt?

c Welches ist der meistgenannte Lieblingsverein der Kinder/Jugendlichen?

d Entscheide jeweils, ob das gezeigte Diagramm zur Gesamtumfrage, zur Umfrage unter Kindern/Jugendlichen, zur Umfrage unter Erwachsenen oder gar nicht zur Umfrage passt.

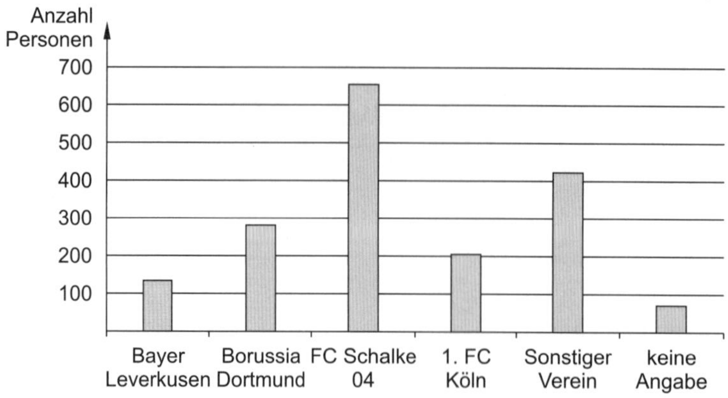

- ☐ Gesamtumfrage
- ☐ Umfrage Kinder/Jugendliche
- ☐ Umfrage Erwachsene
- ☐ passt nicht zur Umfrage

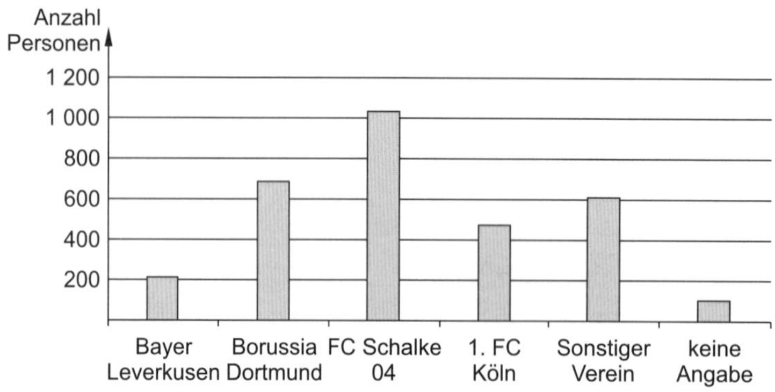

- ☐ Gesamtumfrage
- ☐ Umfrage Kinder/Jugendliche
- ☐ Umfrage Erwachsene
- ☐ passt nicht zur Umfrage

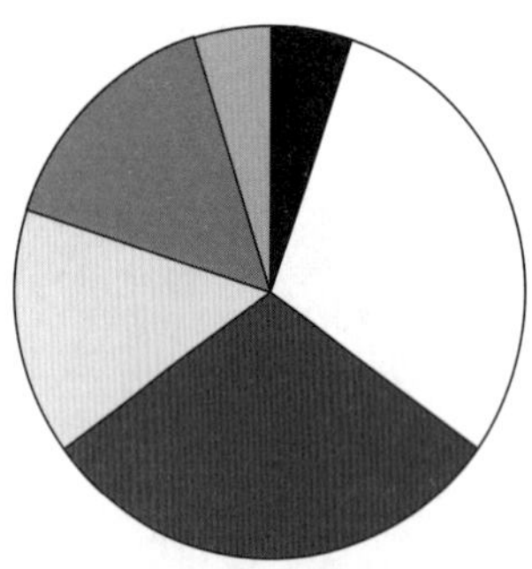

- ☐ Gesamtumfrage
- ☐ Umfrage Kinder/Jugendliche
- ☐ Umfrage Erwachsene
- ☐ passt nicht zur Umfrage

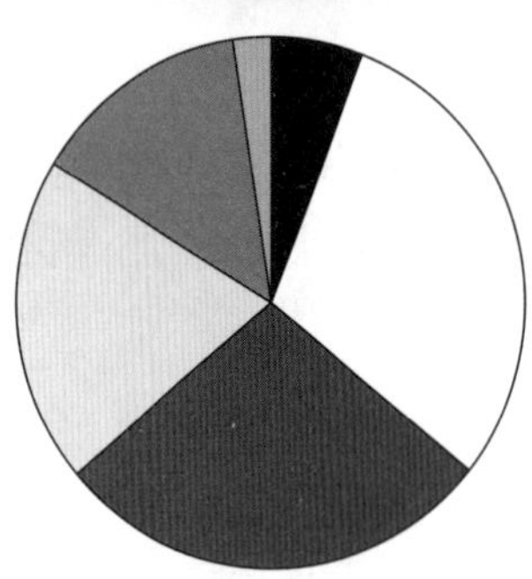

- ☐ Gesamtumfrage
- ☐ Umfrage Kinder/Jugendliche
- ☐ Umfrage Erwachsene
- ☐ passt nicht zur Umfrage

e Begründe eine deiner Entscheidungen in Teilaufgabe d mit Worten.

18 Die gewählten Stichproben in den folgenden drei Beispielen sind ungeeignet. Gib an, wie man zu einer geeigneten Stichprobe gelangt.

a Eine Klasse möchte wissen, wie hoch das durchschnittliche Taschengeld von Schülern ihrer Schule ist. Dazu werden alle Schüler der 10. Klasse befragt.

b Ein Meinungsforscher will herausfinden, welche Musikrichtungen (Rock, Pop, Klassik, …) in der Bevölkerung besonders beliebt sind. Dazu befragt er 100 Besucher eines Hardrock-Konzerts.

c Um herauszufinden, wie stark eine Straße tatsächlich befahren ist, wird an vier Sonntagen zu unterschiedlichen Zeiten eine Verkehrszählung durchgeführt.

19 Ein Schokoladenhersteller produziert kleine Ostereier. Täglich werden 100 000 Tüten produziert. Auf jeder Tüte steht: **Garantiert 30 Ostereier.** Die Abfüllmaschine hat einen kleinen Defekt und packt nicht exakt ab. Bei einer Stichprobe von 500 Tüten ergaben sich nebenstehende tatsächliche Inhalte.

Inhalt (Ostereier)	Anzahl der Tüten
27	7
28	42
29	91
30	177
31	108
32	63
33	12

a Wie viele exakt abgepackte Tüten werden ungefähr täglich produziert?

Tipp
Bestimme die relative Häufigkeit.

b Wie viel Prozent der Käufer werden voraussichtlich zu wenig Ostereier in ihren Tüten haben?

c Die kaufmännische Abteilung der Schokoladenfirma möchte wissen, ob durch den Defekt der Abfüllmaschine insgesamt eher den Käufern oder der Firma ein Schaden entsteht. Begründe mithilfe einer Rechnung.

20 Aus vier unterschiedlichen Regionen der Erde liegen Durchschnittstemperaturen in Grad Celsius vor (mittlere Tagestemperaturen).

	Jan	Feb	Mär	Apr	Mai	Jun	Jul	Aug	Sep	Okt	Nov	Dez
Region A	2	3	6	11	14	16	19	18	16	11	6	4
Region B	0	0	1	3	7	8	14	11	8	5	2	1
Region C	−10	−9	−4	4	13	17	20	18	11	4	−2	−8
Region D		11	12		21	25	29		25	19	14	12

a Gib für die Regionen B und C die fehlenden statistischen Kennwerte an.

	Minimum	Maximum	Spannweite	arithmetisches Mittel
Region A	2	19	17	10,5
Region B				
Region C				

b Um statistische Werte besser miteinander vergleichen zu können, gibt man häufig noch den Median/Zentralwert und das untere und obere Quartil an. Berechne die fehlenden Werte. (Achtung: Es existieren unterschiedliche Berechnungsvorschriften in den Büchern. Nutze die erlernte Variante.)

	unteres Quartil	Median /Zentralwert	oberes Quartil
Region A	5	11	16
Region B			
Region C			

c Zur Darstellung der Temperaturverteilung im Jahr sollen Box-Plot-Diagramme erstellt werden. Für die Region D und eine zusätzliche Region E sind bereits Diagramme gezeichnet. Erstelle die Diagramme für die Regionen A, B und C.

Region A

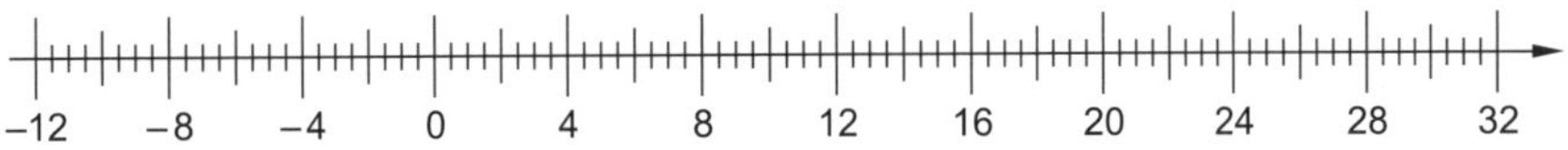

Region B

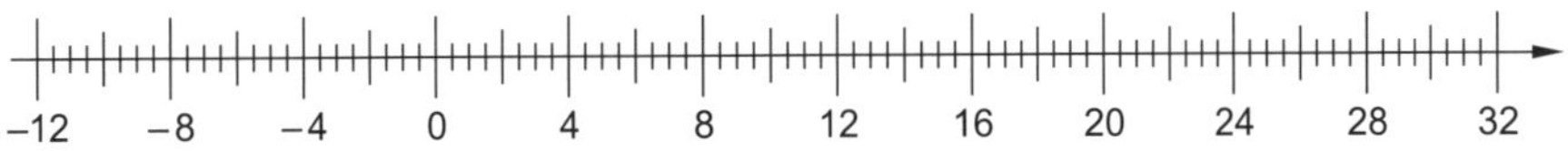

Region C

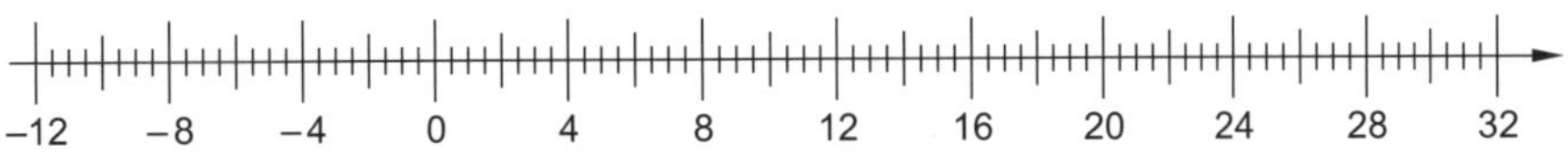

Region D

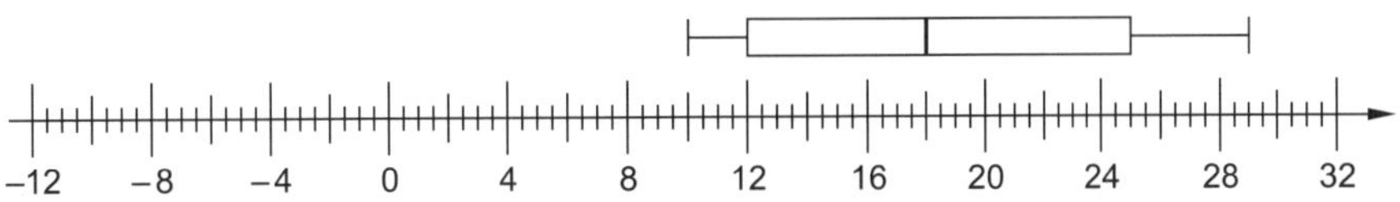

Region E

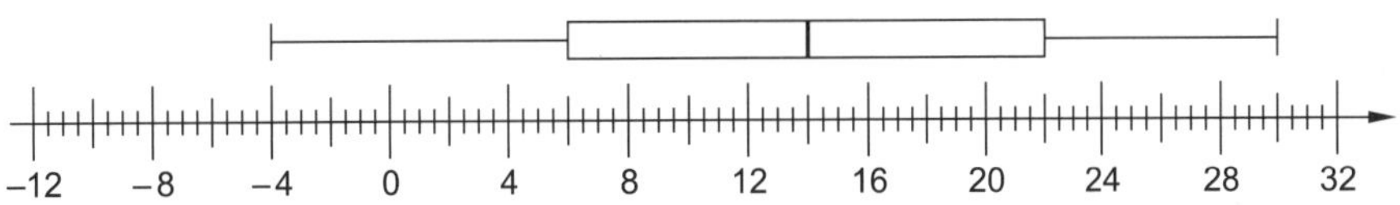

d Für Region D sind nicht alle Monatswerte aufgeführt. Mithilfe der statistischen Kennwerte kannst du die fehlenden Monatswerte berechnen/bestimmen.

	Maximum	Spannweite	Median/Zentralwert	arithmetisches Mittel
Region D	29	19	18	18,5

e Entscheide, ob folgende Aussagen richtig oder falsch sind oder ob sie mithilfe der Diagramme nicht gemacht werden können.

	richtig	falsch	nicht gegeben
• Der wärmste Monat in Region E ist wärmer als der wärmste Monat in Region D.	☐	☐	☐
• Es gibt in Region E zwei Monate, die gleich warm sind.	☐	☐	☐
• Die Hälfte der Monate in Region E haben eine Durchschnittstemperatur von unter 15°.	☐	☐	☐
• Die Spannweite der Monatstemperaturen in Region E und C ist gleich groß.	☐	☐	☐
• Der Januar ist in Region E der kälteste Monat.	☐	☐	☐
• Die Hälfte der Monate in Region E haben eine Durchschnittstemperatur zwischen 6° und 22°.	☐	☐	☐

21 a Handelt es sich bei den im Muster dargestellten grauen Teilflächen um Parallelogramme, Trapeze, Drachen oder Rauten? Begründe deine Entscheidung.

b Meite fragt: „Wie viele kongruente Rauten, die aus 2 weißen und 2 grauen Teilflächen bestehen, lassen sich vollständig in das Muster einzeichnen, wenn jede Teilfläche nur einmal benutzt werden darf?“

☐ 1 ☐ 2 ☐ 3 ☐ 4 ☐ 5

c Ben sagt: „Das gesamte Muster ist achsen- und punktsymmetrisch.“ Stimmt das? Zeichne die Symmetrieachsen ein.

22 a Zerlege den grauen Teil des abgebildeten Musters so, dass dabei 2 gleich große Trapeze und 4 rechtwinklige Dreiecke entstehen, wobei 2 Dreiecke doppelt so groß sind wie die anderen.

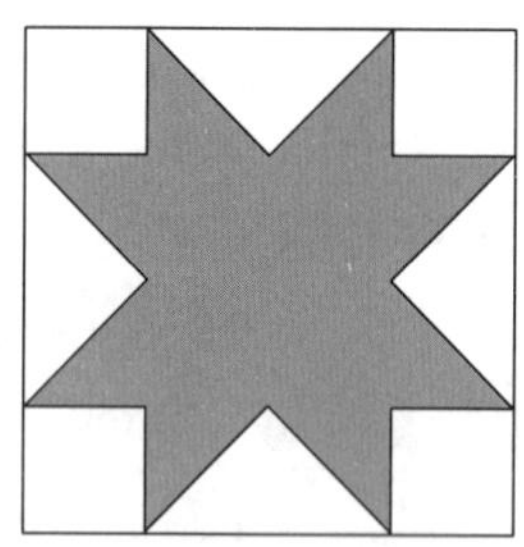

b „Die weißen Flächen des gesamten Quadrates entsprechen $\frac{1}{4}$ der Gesamtfläche.“ Ist die Aussage richtig? Begründe.

Tipp

Schiebe die weißen Flächen über die grauen Flächen. ■

23 a Marvin behauptet, dass es ein Rechteck mit einem Flächeninhalt von 64 cm^2 und einem Umfang von 40 cm gibt. Hat er recht? Löse durch Probieren mithilfe der Tabelle.

Fläche (cm^2)	64				
Seite a (cm)	1	2			
Seite b (cm)	64				
Umfang (cm)					

b Die Lehrerin möchte wissen, ob es ein Parallelogramm mit einem Flächeninhalt von 64 cm^2 und einem Umfang von 40 cm gibt. Drei Schüler machen Vorschläge:

Vorschlag von Max: $a = 16$ cm, $b = 4$ cm und $h_a = 4$ cm
Vorschlag von Songül: $a = 8$ cm, $b = 12$ cm und $h_a = 8$ cm
Vorschlag von Martin: $a = 4$ cm, $b = 8$ cm und $h_a = 16$ cm

Welcher der drei Schüler hat recht?

c Ein Quadrat und ein Rechteck haben den gleichen Umfang von 64 cm.
Berechne die fehlenden Werte und trage sie in die Tabelle ein. Was fällt dir auf?

	Quadrat	Rechteck						
Seite a (cm)		1	4	6	10	15	17	20
Seite b (cm)								
Fläche (cm^2)								

d Bei einem gleichschenkligen Trapez unterscheiden sich die gegenüberliegenden parallelen Seiten um 2 cm, die Höhe des Trapezes ist 4 cm, der Flächeninhalt ist 28 cm^2. Mario stellt zwei Behauptungen auf:
I. „Die längere Seite muss kleiner als 10 cm sein."
II. „Der Umfang dieses Trapezes muss größer als 22 cm sein."
Ermittle die gegenüberliegenden Seitenlängen und begründe damit die Aussagen von Mario.

24 **a** Beurteile folgende Aussagen. Kreuze an und begründe deine Entscheidungen.

	richtig	falsch
1. Jedes gleichschenklige Trapez hat eine Symmetrieachse.	☐	☐
2. Jedes Trapez, dessen gegenüberliegende Seiten gleich lang sind, ist eine Raute.	☐	☐
3. Jedes Parallelogramm ist eine Raute.	☐	☐
4. Jedes Viereck mit zueinander senkrechten Diagonalen ist eine Raute.	☐	☐
5. Jede Raute hat genau 2 Symmetrieachsen.	☐	☐

b Beurteile folgende Aussagen. Kreuze an und begründe deine Entscheidungen durch Gebrauch der Umfangs- und/oder Flächenformeln.

	richtig	falsch
1. Verdoppelt man die Seitenlängen eines Quadrates, verdoppelt sich auch die Fläche.	☐	☐
2. Verdoppelt man die Seitenlängen eines Quadrates, verdoppelt sich auch der Umfang.	☐	☐
3. Verdoppelt man die Länge der Grundseite eines Trapezes und lässt seine Höhe fest, verdoppelt sich die Fläche.	☐	☐
4. Verdoppelt man den Umfang eines Rechtecks und erhält dabei die Seitenverhältnisse, verdoppelt sich die Fläche.	☐	☐
5. Die Fläche einer Raute kann durch Verdopplung einer Diagonalen verdoppelt werden.	☐	☐

Tipp

Fertige dir Skizzen an oder wähle Beispiele für Seitenlängen. ■

25 **a** Jan weiß, dass die Innenwinkelsumme im Dreieck 180° beträgt. Piotr behauptet: *„Dann muss ein Viereck eine Innenwinkelsumme von 360° und ein Fünfeck eine Innenwinkelsumme von 540° haben.“* Überprüfe die Behauptung.

Tipp
Verbinde Eckpunkte in Vier- und Fünfecken. Was fällt auf? ■

b Stelle einen Term für die Innenwinkelsumme eines n-Ecks auf und überprüfe deinen aufgestellten Term für ein Sechseck.

c Ein regelmäßiges n-Eck ist ein Vieleck mit n gleich langen Seiten.
- Zeichne/Konstruiere ein regelmäßiges Sechseck mit der Seitenlänge $a = 2$ cm.
- Zeichne den Mittelpunkt des Sechsecks bzw. des umgebenden Kreises ein.
- Lara sagt: *„Die Innenwinkel im regelmäßigen Sechseck betragen 120°.“* Warum stimmt das?

Tipp

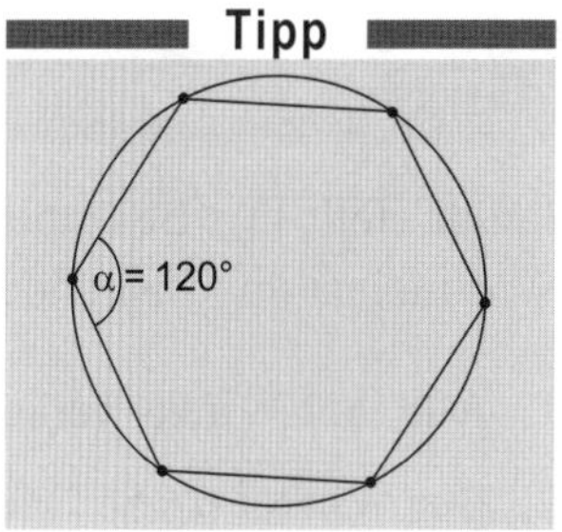

26 Das Tangram-Puzzle besteht aus dir bekannten Teilflächen, die sich wie abgebildet (Abbildung nicht maßstäblich) zu einem Quadrat anordnen lassen. Aus den Teilflächen lassen sich aber noch viele andere Figuren legen, z. B. Tierfiguren, Buchstaben, Zahlen, Gebäude etc.
Ermittle die Fläche des kleinen weißen Quadrates durch geschicktes Zerlegen und Vergleichen. Das gesamte Puzzle-Quadrat hat eine Fläche von 100 cm^2.

27 Die folgende Aufgabe fordert dein mathematisches Grundverständnis heraus. Betrachte sie unter der Fragestellung: *„Was geschieht, wenn …?“*

Janina hat in einen Kreis ein beliebiges Viereck eingezeichnet. In diesem sogenannten Sehnenviereck beträgt die Summe der gegenüberliegenden Winkel 180°. Was geschieht mit den Winkeln α, β, γ und δ, wenn du den Eckpunkt A entlang der Kreisbahn zwischen den Punkten D und B bewegst?

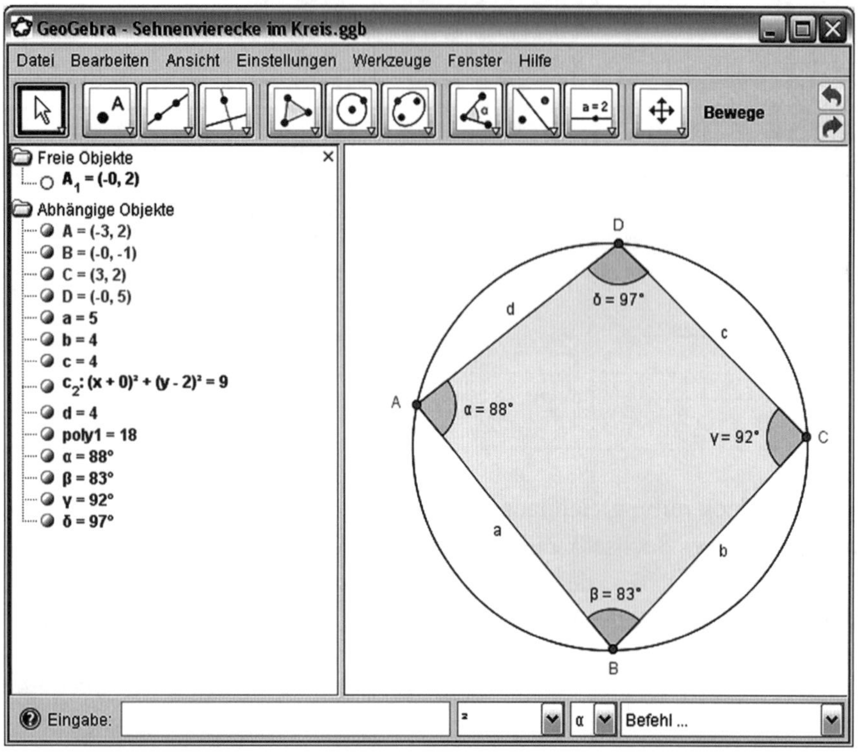

Tipp

Nur wenn du mit deinen Begründungen nicht weiterkommst, benutze eine dynamische Geometriesoftware. ■

Janina stellt vier Behauptungen auf.
Was meinst du? Begründe deine Entscheidungen.

	richtig	falsch
1. Alle vier Winkel verändern ihre Größe.	☐	☐
2. Der Winkel $\alpha = 88°$ bleibt erhalten.	☐	☐
3. Alle Winkel bleiben gleich.	☐	☐
4. Die Winkel $\beta = 83°$ und $\delta = 97°$ verändern ihre Größe.	☐	☐

28 In einem Neubaugebiet stehen noch 6 Grundstücke zum Verkauf an. Bestimme die Flächen der einzelnen Grundstücke. Die Maße kannst du dem Bebauungsplan entnehmen.

Tipp

Zerlege die Grundstücke in berechenbare Teilflächen. ■

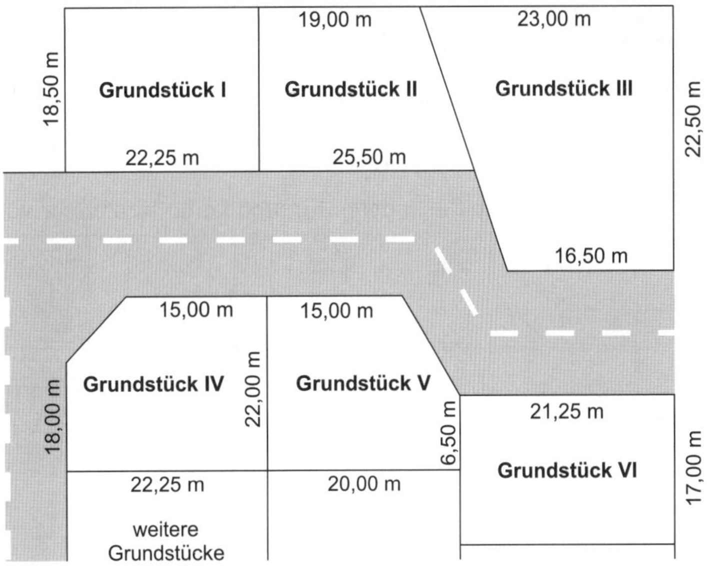

Achtung: Die Zeichnung ist nicht maßstabsgetreu und entspricht nur einem fiktiven Wohngebiet.

29

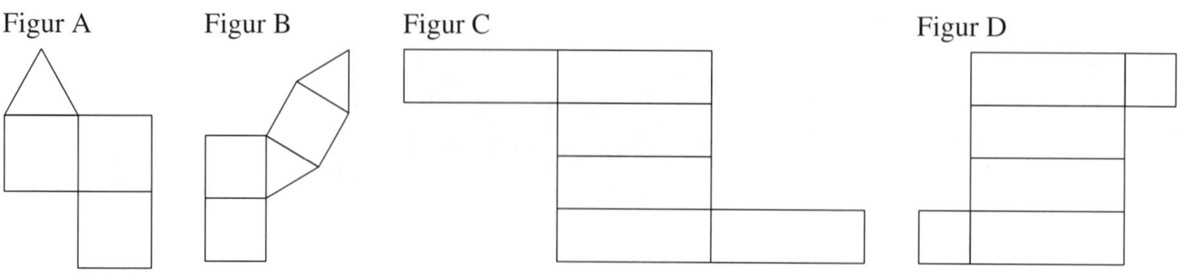

a Welche der Figuren sind Netzbilder von Prismen?

☐ Figur A ☐ Figur B ☐ Figur C ☐ Figur D

Begründe, warum die anderen Figuren keine Netzbilder von Prismen sind.

b Welche Körper werden als Netzbilder dargestellt?

☐ Dreiecksprisma ☐ Quader ☐ Würfel ☐ Vierecksprisma

c Hier sind nur die Umrisse von Netzbildern gezeichnet. Zeichne Linien so ein, dass eindeutige Netzbilder von Körpern entstehen. Benenne die Körper mit Namen.

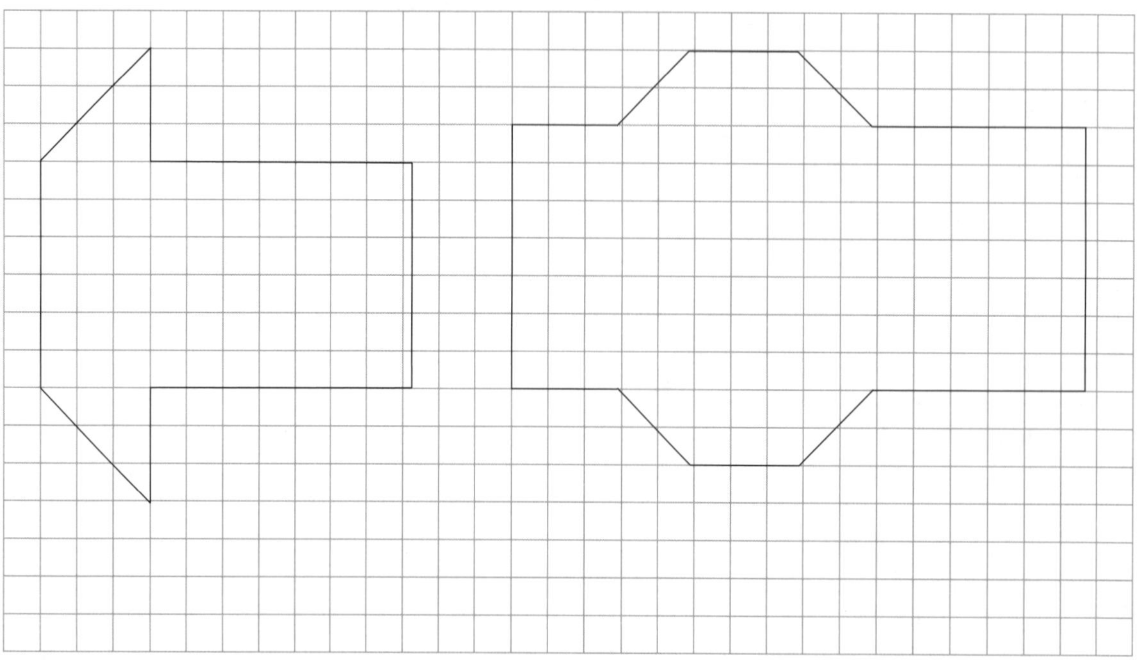

30 **a** Von einem Quader ist nebenstehendes Netzbild im Maßstab 1 : 2 gegeben. Gib die Länge, Breite und Höhe des Quaders an und berechne Oberfläche und Volumen. Zeichne zudem ein Schrägbild.

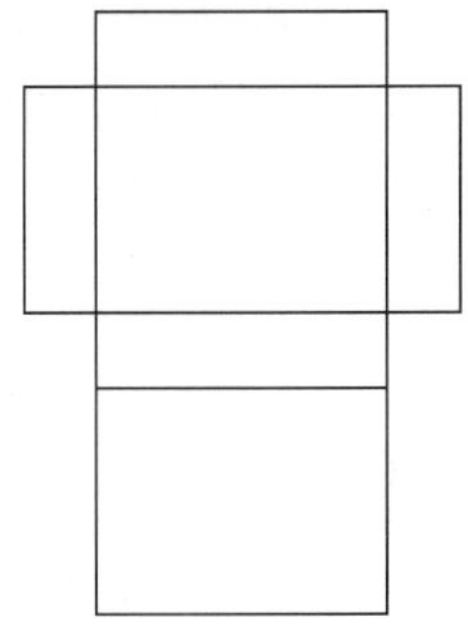

b Von einem rechtwinkligen Dreiecksprisma ist nebenstehendes Schrägbild mit Bemaßung gegeben.
Berechne Oberfläche und Volumen des Quaders.
Zeichne zudem ein mögliches Netzbild in einem geeigneten Maßstab.

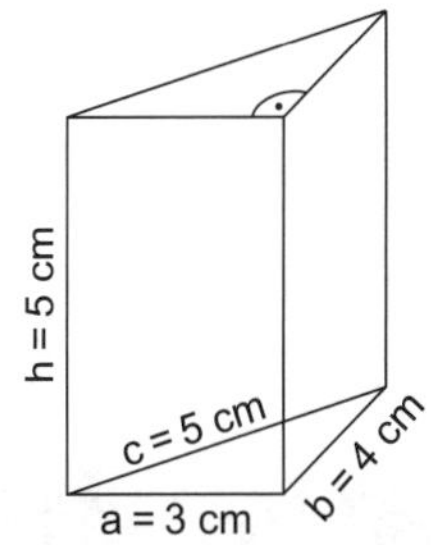

Tipp

Für die Fläche eines rechtwinkligen Dreiecks benötigst du keine Flächenhöhe. ■

c Für die Abfallentsorgung von Bauschutt bietet eine ortsansässige Firma Container mit einem Fassungsvermögen von ca. 8 m^3, ca. 10 m^3 oder ca. 30 m^3 an.
Die Firma liefert folgenden Container an eine Baustelle.

Containeröffnung:	Länge: $a = 4{,}20$ m	Breite: $b = 1{,}70$ m
Containerboden:	Länge: $c = 3{,}60$ m	Breite: $b = 1{,}70$ m
Containerhöhe:	$h = 1{,}20$ m	

Welche Containergröße wurde geliefert?
Zeichne zudem ein maßstabsgerechtes Schrägbild und ein mögliches Netzbild.

d Jedes Prisma hat Ecken, Kanten und Seitenflächen. Gib jeweils die Anzahl an:

Prisma	Ecken	Kanten	Seitenflächen
Quader			
Dreiecksprisma			
Sechsseitiges Prisma			

e Entscheide, ob folgende Aussagen richtig oder falsch sind und begründe deine Entscheidungen.
Wenn ein Quader in vier gleich große Quader aufgeteilt wird,

	richtig	falsch
1. bleibt die Oberfläche gleich.	☐	☐
2. bleibt das Volumen gleich.	☐	☐
3. vervierfacht sich die Anzahl der Ecken.	☐	☐
4. bleibt die Gesamtkantenlänge gleich.	☐	☐

31 Dieser Körper ist aus vielen kleinen Würfeln mit Seitenlänge $a = 10$ cm zusammengesetzt. Valentina stellt zur Berechnung des Volumens folgenden Term auf:
$V = 5a \cdot 4a \cdot 2a + 5a \cdot 3a \cdot 1a + 1a \cdot 1a \cdot 3a + 1a \cdot 1a \cdot 2a$
Lucca stellt zur Berechnung des Volumens folgenden Term auf:
$V = 6a \cdot 4a \cdot 3a - 6a \cdot 1a \cdot 1a - 1a \cdot 2a \cdot 3a$

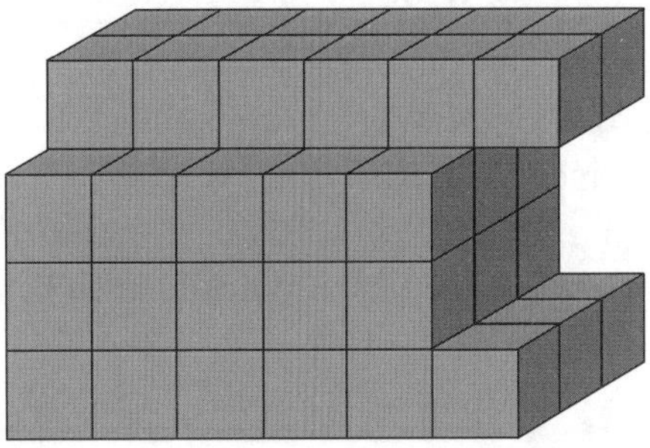

a Welche Zerlegung des Körpers in Teilkörper liegt Valentinas Formel zugrunde? Kreuze an.

☐ 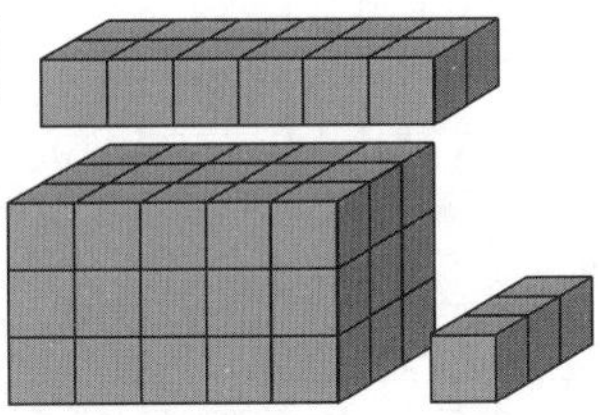

☐ 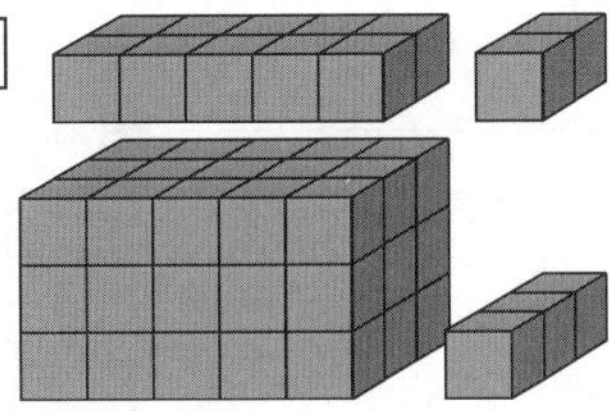

☐ 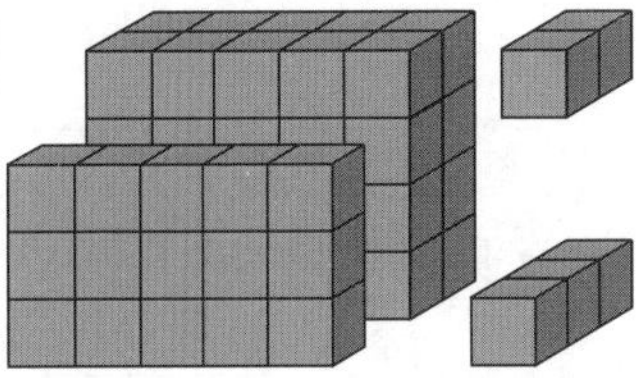

Beschreibe, welche Methode Lucca genutzt hat, um seine Formel aufzustellen.

b Valentina sagt: „*Die Terme sind doch im Prinzip gleich!*“
Hat Valentina recht? Begründe rechnerisch.

c Berechne das Volumen des Körpers.

32 Hier siehst du einen Zauberwürfel. Es ist ein großer Würfel, der in 27 gleich große kleine Würfel aufgeteilt ist. Betrachte die sichtbaren Seitenflächen der kleinen Würfel.

a Wie viele kleine Würfel haben keine sichtbare Seitenfläche?

b Wie viele kleine Würfel haben genau eine sichtbare Seitenfläche?

c Wie viele kleine Würfel haben genau zwei sichtbare Seitenflächen?

d Wie viele kleine Würfel haben genau drei sichtbare Seitenflächen?

33 **a** Wie viele Teilwürfel hat ein Würfel, der nach dem untenstehenden Muster zerlegt wird, insgesamt, wenn er genau 27 Teilwürfel hat, von denen man keine Seitenfläche von außen sehen kann?

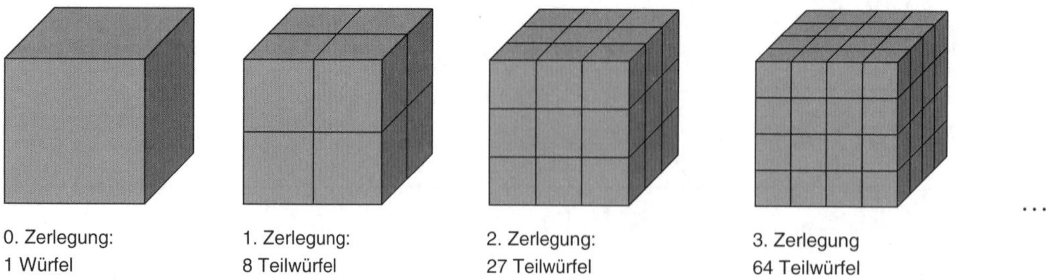

b Gib jeweils eine Formel für die Anzahl der Teilwürfel bzw. die Anzahl der nicht sichtbaren Innenwürfel nach der n-ten Zerlegung an.

Tipp

Denke an die Volumenformel des Würfels. ■

34 Ein Ziegelstein ist ca. 3-mal so lang wie er hoch ist und ca. 2-mal so tief wie er hoch ist.

a Stelle einen Term für das Volumen in Abhängigkeit von der Höhe des Steins auf.

b Wie schwer ist ein Ziegelstein mit einer Länge von 21 cm, wenn die Dichte von Ziegelsteinen mit $\rho = 1{,}4\,\frac{g}{cm^3}$ angegeben wird?

Ein Landschaftsgärtner mauert eine Beeteinfassung mit Ziegelsteinen wie in Teilaufgabe b, die 2 Ziegelsteine tief und 3 Ziegelsteine hoch ist. Die Fugenbreite zwischen den Steinen beträgt 2 cm, wobei sich die Fugenmasse gleichmäßig auf die Steine verteilt, d. h. an jedem Stein haftet eine 1 cm breite Masse.

c Bis auf einen Eckstein ist die Mauer fertig. Welches Volumen besitzen der Stein und die an ihm haftende Fugenmasse zusammen?

d Der Ziegelstein unter dem oberen Eckstein war von schlechter Qualität. Er springt im Winter und muss deshalb ausgetauscht werden. Welches Volumen haben der einzusetzende Stein und die an ihm haftende Fugenmasse?

e Nach einigen Jahren bricht ein Stein aus der Mitte der Mauer heraus und muss deshalb erneuert werden. Welches Volumen haben der einzusetzende Stein und die an ihm haftende Fugenmasse?

35 Familie Schröter (zwei Erwachsene und zwei Kinder) möchte für den Sommer eine Flugreise zur griechischen Insel Kreta buchen. Das Reisebüro macht drei Angebote.
Sind die Angebote richtig berechnet? – Begründe rechnerisch.

Angebot 1: Familie Schröter soll insgesamt 1 394,25 € bezahlen.

Angebot 2: Familie Schröter soll insgesamt 1 245,20 € bezahlen.

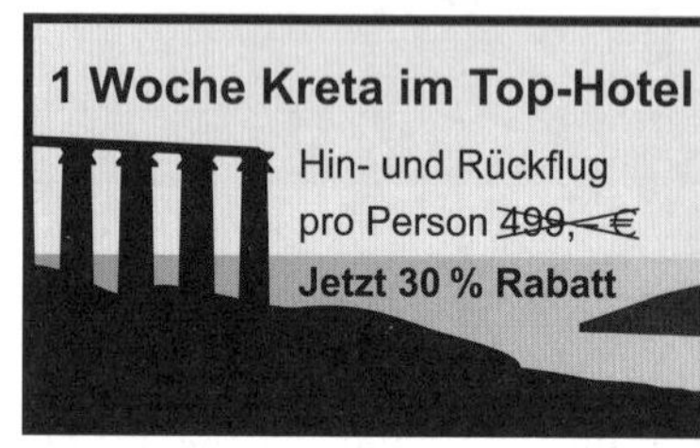

Angebot 3: Familie Schröter soll insgesamt 1 274,40 € bezahlen.

36 Beim Jubiläumsverkauf eines Elektronikmarktes werden viele Produkte mit großem Rabatt verkauft. Ordne den Produkten das passende Rabattschild zu.

			passendes Rabattschild
Notebook	vorher 799,– €	jetzt 559,30 €	
MP3-Player	vorher 39,– €	jetzt 25,35 €	
Spiele-Konsole	vorher 399,– €	jetzt 287,28 €	

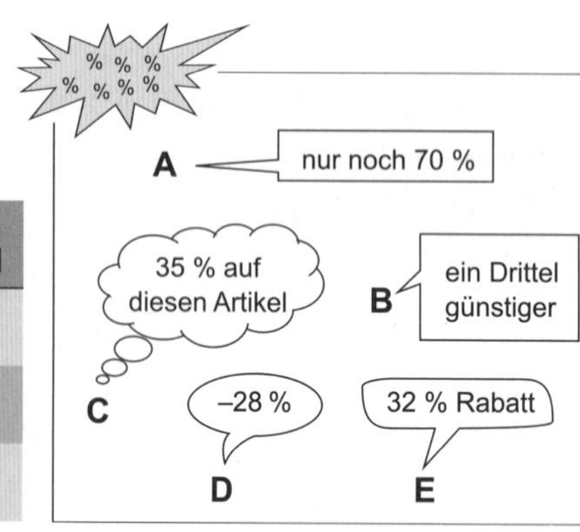

37 **a** Lukas möchte ein Fahrrad kaufen. Er verhandelt so geschickt, dass ihm der Fahrradhändler 8 % Rabatt gewährt und Lukas 63,20 € nachlässt. Wie viel hat das Fahrrad ursprünglich gekostet?

b Ein Fahrrad wird zum angegebenen Preis inklusive 19 % Mehrwertsteuer verkauft.
Wie teuer ist das Fahrrad ohne Mehrwertsteuer?

c Von den 750 Schülern der Europa-Realschule besitzen 6 % ein Mountainbike.
Wie viele Schüler sind das?

38 Manchmal werden mehrmals hintereinander Prozentwerte berechnet. Dann musst du besonders gut aufpassen und darfst nicht voreilig Ergebnisse angeben.
Die drei Kinder sind mit ihren Aussagen zu voreilig gewesen. Korrigiere sie.

a Femi: „*Die Sportschuhe wurden zweimal hintereinander um 25 % reduziert. Jetzt kosten sie nur noch die Hälfte!*“

Richtige Aussage: „ *Jetzt kosten sie* ______________________________.“

b Jennifer: „*Erst wurde der Milchpreis um 15 % erhöht und dann um 15 % gesenkt. Jetzt haben wir wieder den alten Preis.*“

Richtige Aussage: „ *Jetzt haben wir* ______________________________.“

c Gerrit: *„Wenn der Preis 5-mal nacheinander um 20 % erhöht wird, dann haben wir eine Preissteigerung von insgesamt 100 %!“*

Richtige Aussage: „…, *dann haben wir eine Preissteigerung von insgesamt* ________________ .“

39 Bei einer Werbeaktion wirbt der Hersteller einer Nudelsoße mit nebenstehender Anzeige.
Der ursprüngliche Preis des kleineren Glases ist nicht angegeben.

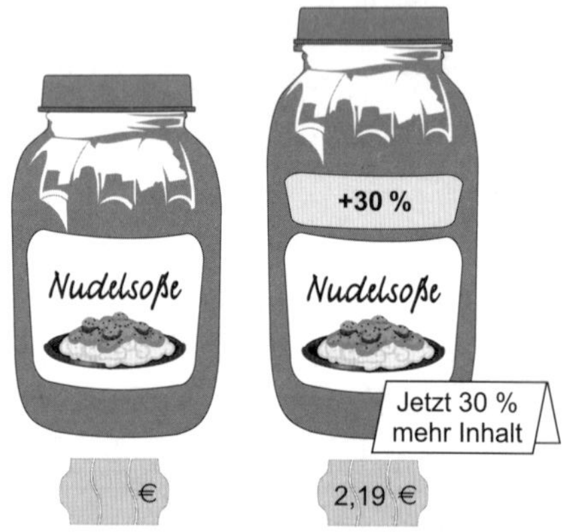

a Wäre es für den Käufer ein günstiges Angebot, wenn der Preis des kleineren Glases vorher 1,99 € betragen hätte? Begründe.

b Ein Marktforscher hat herausgefunden, dass die Werbeaktion betrügerisch ist.
Wie hoch war der Preis des kleineren Glases vorher höchstens?

40 Berechne die fehlenden Werte. Runde, wenn nötig, auf zwei Dezimale.

Kapital	Zinsen	Zinssatz	Zeit	Zeit als Bruchteil eines Jahres
8 200 €		4 %	1 Jahr	
	90 €	2,5 %	1 Jahr	
3 200 €	134,40 €		1 Jahr	

Tipp

Die Banken setzen jeden Monat mit 30 Tagen an.

$Z = \frac{K \cdot p}{100}$

$Z = \frac{K \cdot p}{100} \cdot i$

(i = Bruchteil eines Jahres) ■

Kapital	Zinsen	Zinssatz	Zeit	Zeit als Bruchteil eines Jahres
4 000 €		4,3 %	8 Monate	
6 500 €		1,75 %	75 Tage	
7 500 €	93,75 €		5 Monate	

41 Frau Feschke hat 7 500 € für drei Jahre fest angelegt. Der Zinssatz steigt in jedem Jahr und die Zinsen werden am Jahresende jeweils ausgezahlt. Nach dem ersten Jahr erhält sie 225 € Zinsen, nach dem 2. Jahr 300 € und im letzten Jahr werden ihr Zinsen in Höhe von 356,25 € ausgezahlt.

a Mit welchen Zinssätzen wurde das Kapital verzinst?

1. Jahr: ____________ 2. Jahr: ____________ 3. Jahr: ____________

b Wenn sie die Zinsen jeweils auf dem Konto belassen würde, welche Zinsen würde sie dann am Ende des 2. und des 3. Jahres bekommen?

42 Ein Kapital K bringt bei festem Zinssatz p % in einer bestimmten Zeit i Zinsen im Wert von $Z = 120$ €. Stimmen die folgenden Aussagen? Begründe rechnerisch mithilfe der Formel $Z = \frac{K \cdot p}{100} \cdot i$.

a *„Die Zinsen für das doppelte Kapital in der gleichen Zeit sind doppelt so hoch.“*

b *„Die Zinsen für das halbe Kapital in der doppelten Zeit betragen 60 €."*

c *„Für das dreifache Kapital in der doppelten Zeit fallen 360 € Zinsen an."*

43 Henrike hat bei ihrer Bank ein Sparbuch, auf dem sich 1 250 € Guthaben befinden. Die Bank gibt einen Zinssatz von 1,5 %. Zur besseren Übersicht hat Henrike sich eine Tabelle angelegt, mit der sie die Einträge ins Sparbuch kontrollieren will. Im Jahr 2009 hat sie zwei Einzahlungen und eine Auszahlung getätigt.

Tipp
Die Banken setzen jeden Monat mit 30 Tagen an.
Der Einzahlungstag wird mitverzinst, der Auszahlungstag nicht.

a Ergänze zunächst die Angaben in der Guthaben-Spalte.

Henrike Mueller
Bergstraße 5
50080 Auen

BLZ: 700 700 70
Kontonummer:
88 66 55

Bank
Auszug 1
Blatt 1 von 1

Tag	Vorgang	Umsatz in Euro	Guthaben in Euro
01.01.2009			1 250,00
25.01.2009	Einzahlung	450,00 +	
01.07.2009	Einzahlung	250,00 +	
20.12.2009	Auszahlung	500,00 –	
31.12.2009	Zinsen 2009		

b Berechne die Zinsen für das Jahr 2009.

Tipp
Beachte die einzelnen Zeiträume.

45 Die Grafen zeigen Zuordnungen. Kreuze an, welche Funktionsart dargestellt ist.

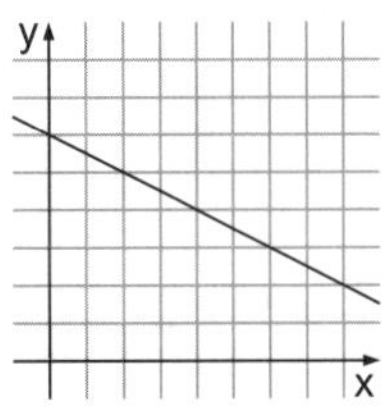

- ☐ lineare und proportionale Funktion
- ☐ lineare und nichtproportionale Funktion
- ☐ andere Funktion
- ☐ keine Funktion

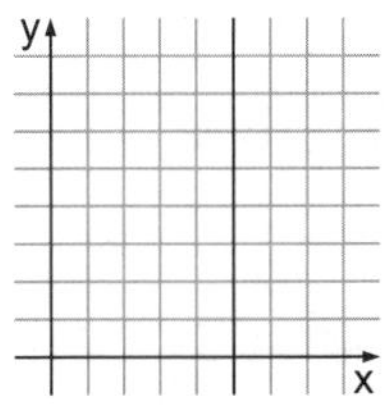

- ☐ lineare und proportionale Funktion
- ☐ lineare und nichtproportionale Funktion
- ☐ andere Funktion
- ☐ keine Funktion

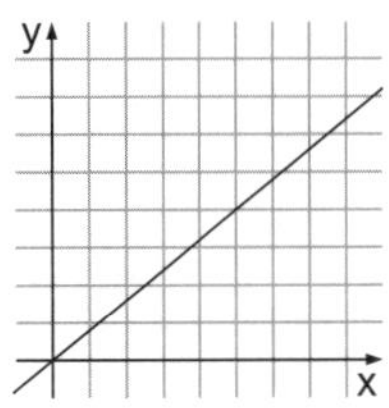

- ☐ lineare und proportionale Funktion
- ☐ lineare und nichtproportionale Funktion
- ☐ andere Funktion
- ☐ keine Funktion

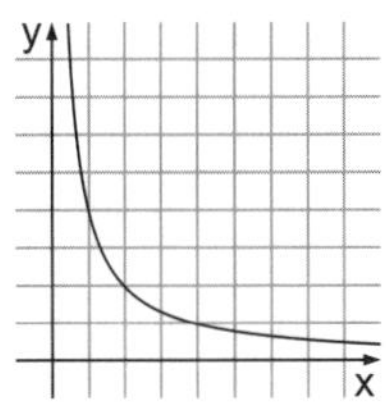

- ☐ lineare und proportionale Funktion
- ☐ lineare und nichtproportionale Funktion
- ☐ andere Funktion
- ☐ keine Funktion

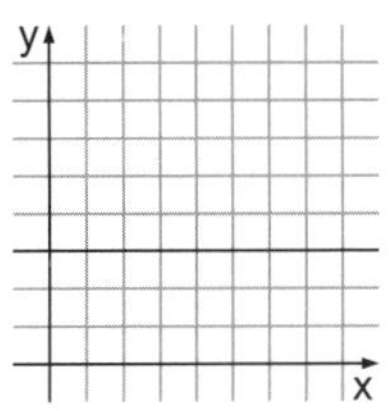

- ☐ lineare und proportionale Funktion
- ☐ lineare und nichtproportionale Funktion
- ☐ andere Funktion
- ☐ keine Funktion

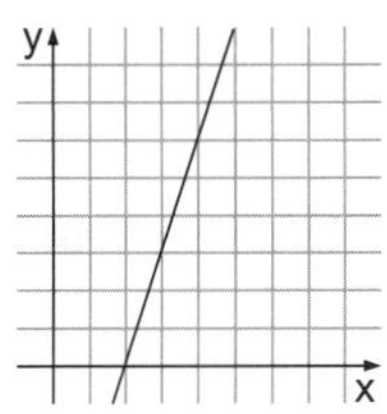

- ☐ lineare und proportionale Funktion
- ☐ lineare und nichtproportionale Funktion
- ☐ andere Funktion
- ☐ keine Funktion

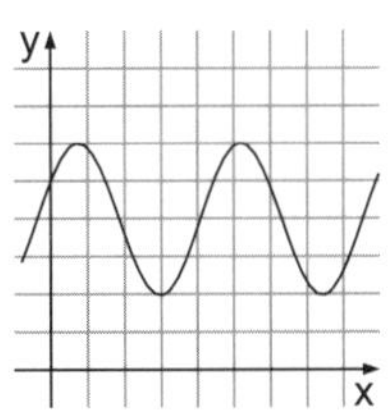

- ☐ lineare und proportionale Funktion
- ☐ lineare und nichtproportionale Funktion
- ☐ andere Funktion
- ☐ keine Funktion

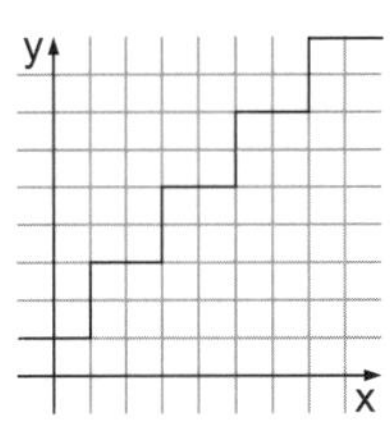

- ☐ lineare und proportionale Funktion
- ☐ lineare und nichtproportionale Funktion
- ☐ andere Funktion
- ☐ keine Funktion

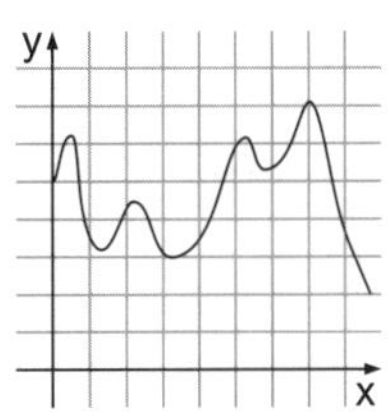

- ☐ lineare und proportionale Funktion
- ☐ lineare und nichtproportionale Funktion
- ☐ andere Funktion
- ☐ keine Funktion

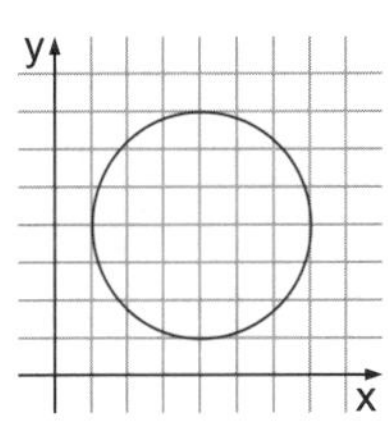

- ☐ lineare und proportionale Funktion
- ☐ lineare und nichtproportionale Funktion
- ☐ andere Funktion
- ☐ keine Funktion

46 **a** Betrachte das nebenstehende Koordinatensystem. Gib zu den eingezeichneten Funktionsgraphen jeweils den Steigungsfaktor m, den y-Abschnitt b und die Funktionsgleichung an.

Tipp

Zeichne jeweils das Steigungsdreieck ein. ■

	Steigungsfaktor	y-Achsenabschnitt	Funktionsgleichung
y_1			
y_2			
y_3			
y_4			
y_5			

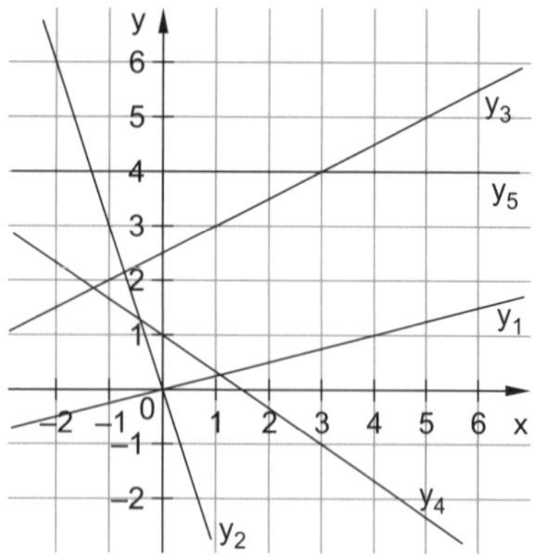

b Zeichne in das nebenstehende Koordinatensystem die drei linearen Funktionen ein und gib die zugehörige Funktionsgleichung an.

- Eine lineare Funktion hat den Steigungsfaktor m = –1,5 und den y-Achsenabschnitt b = –1.

  Die zugehörige Funktionsgleichung lautet:

  y_1 = ____________________

- Eine lineare Funktion verläuft durch die Punkte A (–2|–2) und B(6|2).

  Die zugehörige Funktionsgleichung lautet:

  y_2 = ____________________

- Eine lineare Funktion ist in Form einer Wertetabelle gegeben.

x	–3	–1	2
y	5	3	0

  Die zugehörige Funktionsgleichung lautet:

  y_3 = ____________________

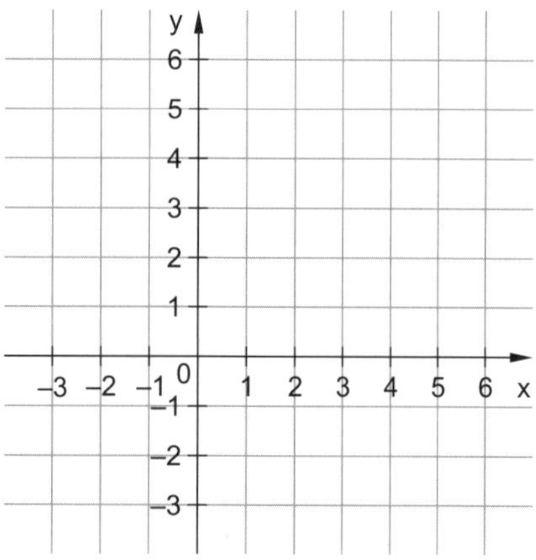

c Ordne den folgenden Situationen, wenn möglich, einen Funktionsgrafen zu. Bei allen Situationen steht die x-Achse für die Menge/Anzahl und die y-Achse für den Preis/die Kosten.

1. Du befüllst an einer Tankstelle deinen Tank.
2. Du trainierst im Fitnessstudio. Neben einer einmaligen Aufnahmegebühr zahlst du jeden Monat einen festen Preis.
3. Du hast eine Jahreskarte fürs Schwimmbad.
4. Du hast eine Flatrate fürs Handy. Je mehr SMS du schreibst, desto geringer ist der Preis pro SMS.

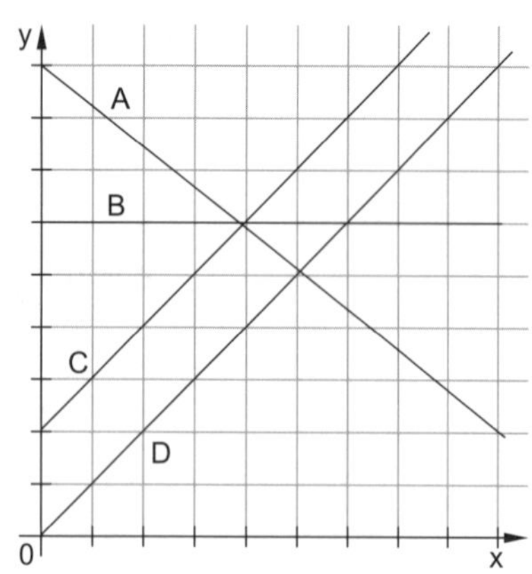

Situation 1 – Graf ☐ Situation 2 – Graf ☐

Situation 3 – Graf ☐ Situation 4 – Graf ☐

47 Herr Merkel möchte mit seiner Klasse 8c eine Busfahrt zu einem Museum machen. Dazu holt er sich von zwei Busunternehmen Angebote ein.

Angebot A
Reisebus

- Grundpreis 50 €
- Preis pro gefahrenem Kilometer (Kilometerpauschale) 60 Cent

Angebot B
Reisebus

- Grundpreis 90 €
- Preis pro gefahrenem Kilometer (Kilometerpauschale) 0,40 €

a Um den Gesamtpreis zu ermitteln, kann man beide Angebote mithilfe von Funktionsgleichungen beschreiben. Dabei soll x die Anzahl der insgesamt gefahrenen Kilometer sein und y der Gesamtpreis.
Kreuze an, welche Gleichungen die Kosten beschreiben.
Es können mehrere Gleichungen richtig sein.

Tipp
Die Funktionsgleichung kann für Euro oder Cent aufgestellt werden. ■

Angebot A	Angebot B
☐ $y = 0{,}5 \cdot x + 60$	☐ $y = 9 \cdot x + 0{,}4$
☐ $y = 0{,}6 \cdot x + 50$	☐ $y = 40 \cdot x + 90$
☐ $y = 50 \cdot x + 60$	☐ $y = 40 \cdot x + 9\,000$
☐ $y = 60 \cdot x + 500$	☐ $y = 0{,}9 \cdot x + 40$
☐ $y = 60 \cdot x + 5\,000$	☐ $y = 0{,}4 \cdot x + 90$

b Vergleiche die beiden Angebote und berate Herrn Müller und die Klasse 8c bei der Wahl des besten Angebotes. Zeichne dazu für jedes Angebot den zugehörigen Grafen in unten stehendes Diagramm.

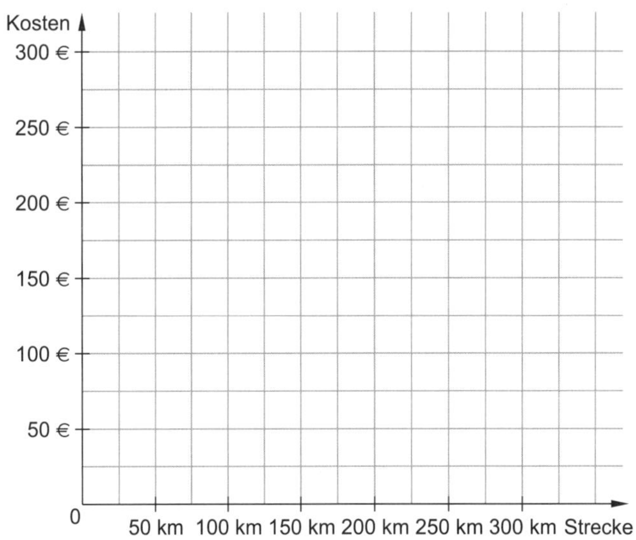

Empfehlung:

c Ein Schüler hat im Internet recherchiert und ein drittes Angebot gefunden. Der Busunternehmer verlangt eine einmalige Grundgebühr von 150 € und eine Kilometerpauschale von 30 Cent. In dem Angebot sind 200 Freikilometer enthalten.
Wie lautet die zugehörige Funktionsgleichung, wenn mehr als 200 Kilometer gefahren werden? (x = Anzahl der insgesamt gefahrenen Kilometer; y = Gesamtpreis)

Angebot C

- ☐ $y = 0{,}3 \cdot (x + 200) - 150$
- ☐ $y = 0{,}3 \cdot (x - 200) + 150$
- ☐ $y = 0{,}3 \cdot x + 150$
- ☐ $y = 0{,}3 \cdot (x - 200) - 150$
- ☐ $y = 0{,}3 \cdot (x + 200) + 150$

48 Peter und Sarah legen mit Streichhölzern Muster.

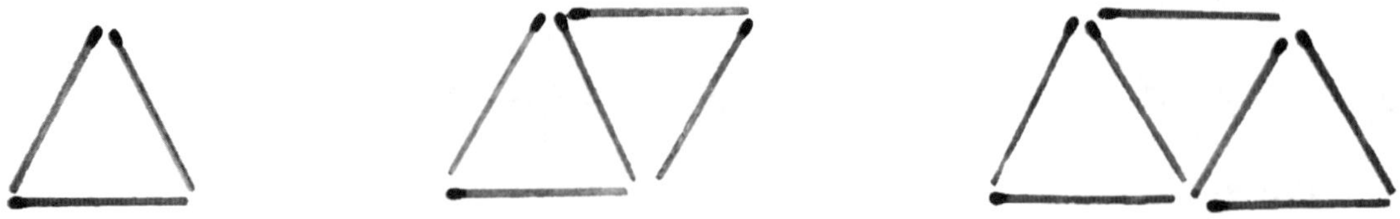

Figur 1 Figur 2 Figur 3

a Sie wollen die Situation mithilfe einer Gleichung beschreiben, wobei x die Nummer der Figur und y die Gesamtanzahl der Streichhölzer ist.
Peter stellt die Gleichung $y = 2 \cdot x + 1$ auf. Sarah meint, die Gleichung muss $y = 2 \cdot (x - 1) + 3$ lauten.
Begründe, dass beide aufgestellten Gleichungen richtig sind.

b Aus wie vielen Streichhölzern besteht die 12. Figur?

c In welcher Figur liegen 99 Streichhölzer?

d Lorenz wandelt das Muster von Peter und Sarah leicht ab. In seinen Figuren fehlt jeweils das linke Streichhölzchen. Wie muss Lorenz die lineare Funktionsgleichung $y = 2 \cdot x + 1$ von Peter abändern, damit sie auf sein Streichholzmuster passt?
Kreuze an.

	richtig	falsch
Nur der y-Achsenabschnitt ändert sich.	☐	☐
Nur der Steigungsfaktor ändert sich.	☐	☐
Der y-Achsenabschnitt und der Steigungsfaktor ändern sich.	☐	☐

Wie lautet die zugehörige Funktionsgleichung?

- ☐ $y = 2 \cdot x + 2$
- ☐ $y = x + 2$
- ☐ $y = 2 \cdot x$
- ☐ $y = 2 \cdot x - 1$
- ☐ $y = 3 \cdot x$

e Stelle eine Gleichung für das untenstehende Streichholzmuster auf.
(x sei die Figurnummer und y die Gesamtanzahl der Streichhölzer.)

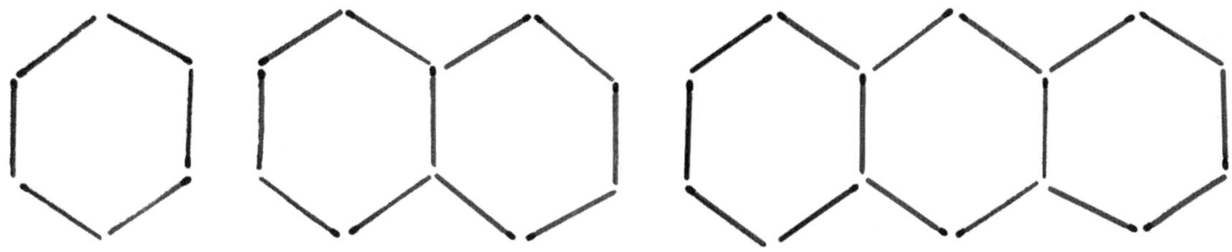

Figur 1 Figur 2 Figur 3

f Bei einem dritten Muster sind die Angaben in Tabellenform gegeben.

Figur	1. Figur	2. Figur	3. Figur	4. Figur	5. Figur
Anzahl der Streichhölzer			10	13	16

Beschreibe das Muster mit einer Gleichung und zeichne die ersten 3 Figuren.

49 Ein großes Schwimmbecken wird am Anfang der Schwimmsaison gleichmäßig mit Wasser befüllt. Zu Beginn (Stunde 0) ist bereits Wasser eingefüllt und nach 6 Stunden steht das Wasser im Becken 1,20 m hoch. Nach 19 Stunden ist das Becken komplett gefüllt und der Wasserstand beträgt 2,50 m.

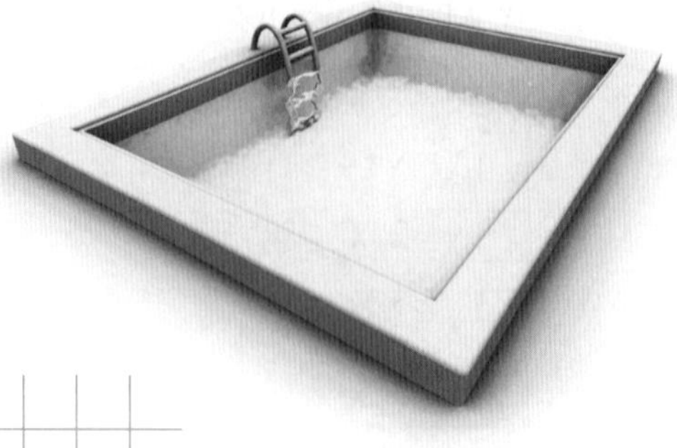

a Stelle den Sachverhalt in einem Diagramm dar.

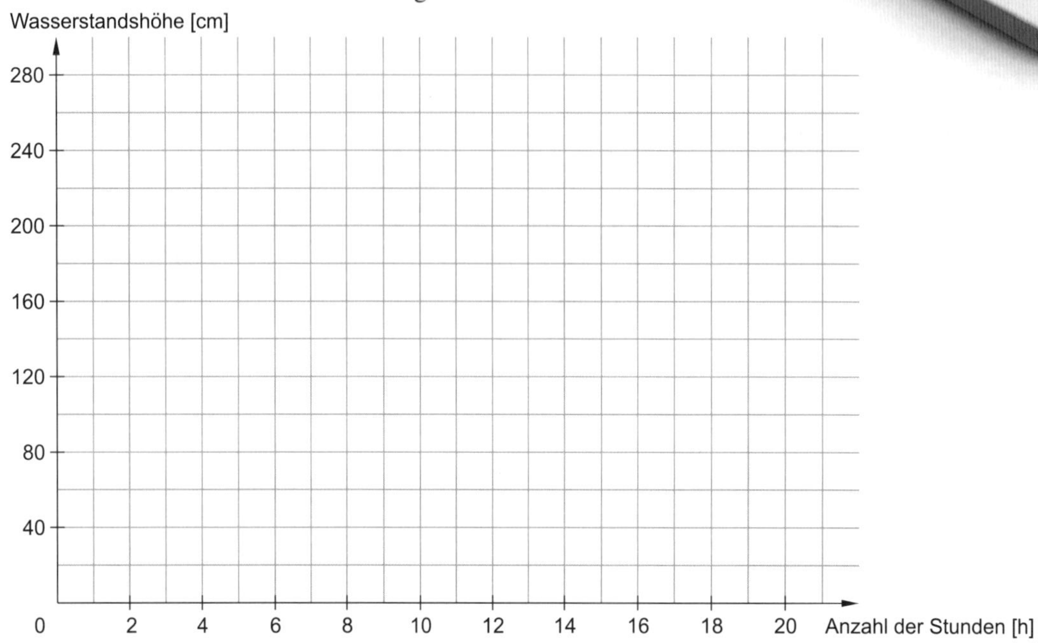

b Gib eine lineare Funktion an, mit der der Füllvorgang des Beckens beschrieben werden kann.
(x sei die Anzahl der Stunden und y die Wasserstandshöhe in cm.)

Tipp

Bedenke: Um wie viele Zentimeter steigt der Wasserstand pro Stunde an? Wie hoch war der Wasserstand zu Beginn? ■

c Zum Ende der Schwimmsaison wird das Wasser wieder abgelassen. Kreuze an, welche Funktionsgleichung diesen Vorgang beschreiben könnte. Begründe, warum die anderen nicht richtig sein können. (x sei die Anzahl der Stunden und y die Wasserstandshöhe in cm.)

	Begründung
☐ $y = -12 \cdot x - 250$	
☐ $y = -15 \cdot x + 250$	
☐ $y = 15 \cdot x + 250$	
☐ $y = -12 \cdot x + 300$	

50 An der Geschwister-Scholl-Schule soll das 50-jährige Bestehen mit einer Jubiläumsfeier begangen werden. Im Anschluss an eine offizielle Feier gibt es einen Empfang mit Getränken und einem kleinen Imbiss. Um den Einkauf und die zu erwartenden Kosten besser planen zu können, wird ein Tabellenkalkulationsprogramm genutzt. Aus der Liste kannst du Mengenbedarf und Preise der benötigten Lebensmittel entnehmen.

Produkt	Einzelpreis	Mengenbedarf für 100 Personen
Getränk (kl. Flasche) Stck.	0,40 €	200
Kaffee (pro Tasse)	0,15 €	50
Dose Gebäck	4,50 €	8
belegtes Brötchen	0,55 €	120
Würstchen	0,70 €	80
Steak	0,90 €	50

a Fertige zunächst ein solches Tabellenblatt auf deinem Computer an.
Die Einzelpreise in Spalte D kannst du schon eintragen.

	A	B	C	D	E
1			**Jubiläumsfest 2010**		
2	voraussichtlicheTeilnehmerzahl:				
3					
4	**Menge**	**Einheit**	**Produkt**	**Einzelpreis**	**Gesamtpreis**
5		Stck.	Getränk (kl. Flasche)		
6		Stck.	Tasse Kaffee		
7		Dose	Gebäck		
8		Stck.	belegtes Brötchen		
9		Stck.	Würstchen		
10		Stck.	Steak		
11					
12					
13				Gesamtkosten:	
14					
15			Voraussichtliche Kosten pro Teilnehmer:		
16					

b Der Gesamtpreis für die Getränke wird in Zelle E5 mit der Formel = **A5 * D5** berechnet.
Welche Formel musst du in Zelle E9 eintragen?

Die korrekte Formel in Zelle E9 lautet: =

c An der Jubiläumsfeier nehmen voraussichtlich 500 Personen teil.

- Trage in Zelle C2 den passenden Wert ein.
- Trage die benötigten Mengen in Spalte A als Zahlenwert ein.
- Trage die notwendigen Formeln in den Zellen E5 bis E10 ein.
- Bestimme eine sinnvolle Formel in Zelle E13.
- Trage eine sinnvolle Formel in Zelle E15 ein, um die Kosten pro Teilnehmer zu ermitteln.

d Wenn sich die Teilnehmerzahl noch ändern sollte, müssten die Mengenangaben in Spalte A neu berechnet werden. Versuche für die Spalte A Formeln zu finden, die die Menge in Abhängigkeit der Teilnehmerzahl sofort berechnen.

Tipp

Beachte, dass der Mengenbedarf jeweils für 100 Personen angegeben ist. ■

e Wie hoch wären die voraussichtlichen Gesamtkosten bei 200, 700 oder 1 178 Teilnehmern?

51

Vor der Neueröffnung seines Schuhgeschäftes „Leder & Schick" möchte Herr Treter einen Lagerraum allein für seine Schuhe einrichten. Der Raum ist 8 m lang, 7 m breit und 3,20 m hoch. Die Maße eines durchschnittlichen Schuhkartons entnimmt Herr Treter der nebenstehenden Zeichnung im Maßstab 1 : 20.

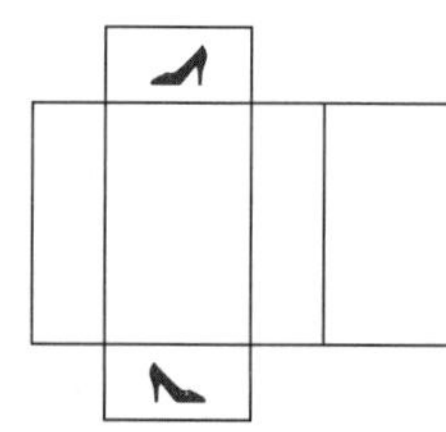

a Zunächst macht Herr Treter sich an die Planung der Regale. Dazu hat er sich die nebenstehende maßstabsgetreue Zeichnung gemacht. Wie hoch, wie breit und wie tief ist das Regal in Wirklichkeit, wenn die verwendeten Bretter eine Dicke von 2 cm haben und das Regal 3 cm tiefer als ein Schuhkarton lang ist?

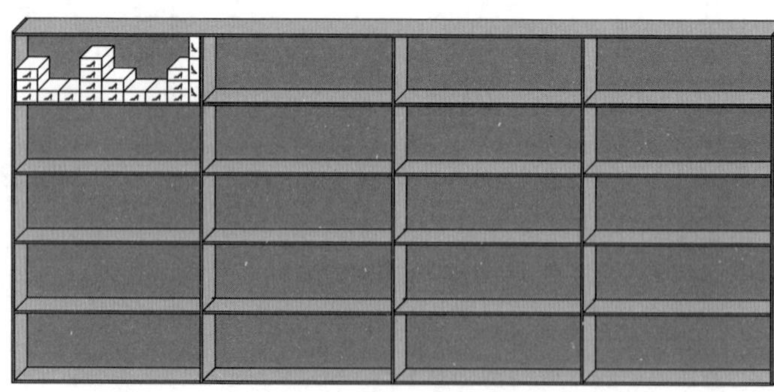

b Wie viele Schuhkartons passen maximal in das Regal?

c Herr Treter möchte 8 dieser Regale in seinem Lagerraum unterbringen. Dabei sollen 2 Regale an gegenüberliegenden Wänden aufgestellt werden. Zeichne einen maßstabsgetreuen Flächengrundriss des Lagers mit den Regalen, wenn Herr Treter zwischen zwei Regalreihen jeweils einen 1,05 m breiten Durchgang lässt, um jedes Paar Schuhe erreichen zu können.

Tipp

Wähle einen geeigneten Maßstab. ■

d Herr Treter will für die Neueröffnung das Lager vollständig füllen. Der durchschnittliche Einkaufspreis pro Paar Schuhe beträgt 30 €, der durchschnittliche Verkaufspreis pro Paar Schuhe 50 €. Bestimme den prozentualen Preisaufschlag.

Ursprünglich hatte Herr Treter den Kauf von 6 000 Paar Schuhen geplant.
Für wie viel Euro hätte er nach dieser Planung Schuhe gekauft?

e Mit dem Erwerb des Ladens hat Herr Treter allerdings auch die Lagerbestände des alten Besitzers übernommen, nämlich 3 000 Paar Schuhe. Wegen neuer Modetrends möchte er diese Schuhpaare möglichst schnell durch eine gezielte Rabattaktion verkaufen. Zu Beginn der Verkaufsaktion sind noch $\frac{1}{3}$ der übernommenen Paare vorhanden. Hiervon lassen sich $\frac{3}{4}$ der Paare zu einem durchschnittlichen Preis von 40 €, der Rest für durchschnittlich 35 € verkaufen.
Um wie viel Euro verringert sich der Gewinn gegenüber dem regulären Verkauf?

Tipp

Für die übernommenen Schuhe hat Herr Treter den durchschnittlichen Einkaufspreis bezahlt. ■

52 Ein Parkhaus befindet sich mit einigen Ebenen unter der Erde (Straßenniveau) und mit einigen Ebenen über der Erde. Jedes Parkdeck hat eine Höhe von 3 m. Das Parkdeck U4 befindet sich 12 m unter dem Straßenniveau, das Parkdeck O5 liegt 15 m über der Erde. Die Ein- und Ausfahrt befindet sich auf dem Niveau der Straße. Mithilfe langer Rampen gelangt man nach unten bzw. nach oben.
Frau Gens fährt mit ihrem Wagen von der Ebene U4 mit gleichbleibender Geschwindigkeit nach oben.
Das folgende Diagramm stellt ihre Fahrt dar.

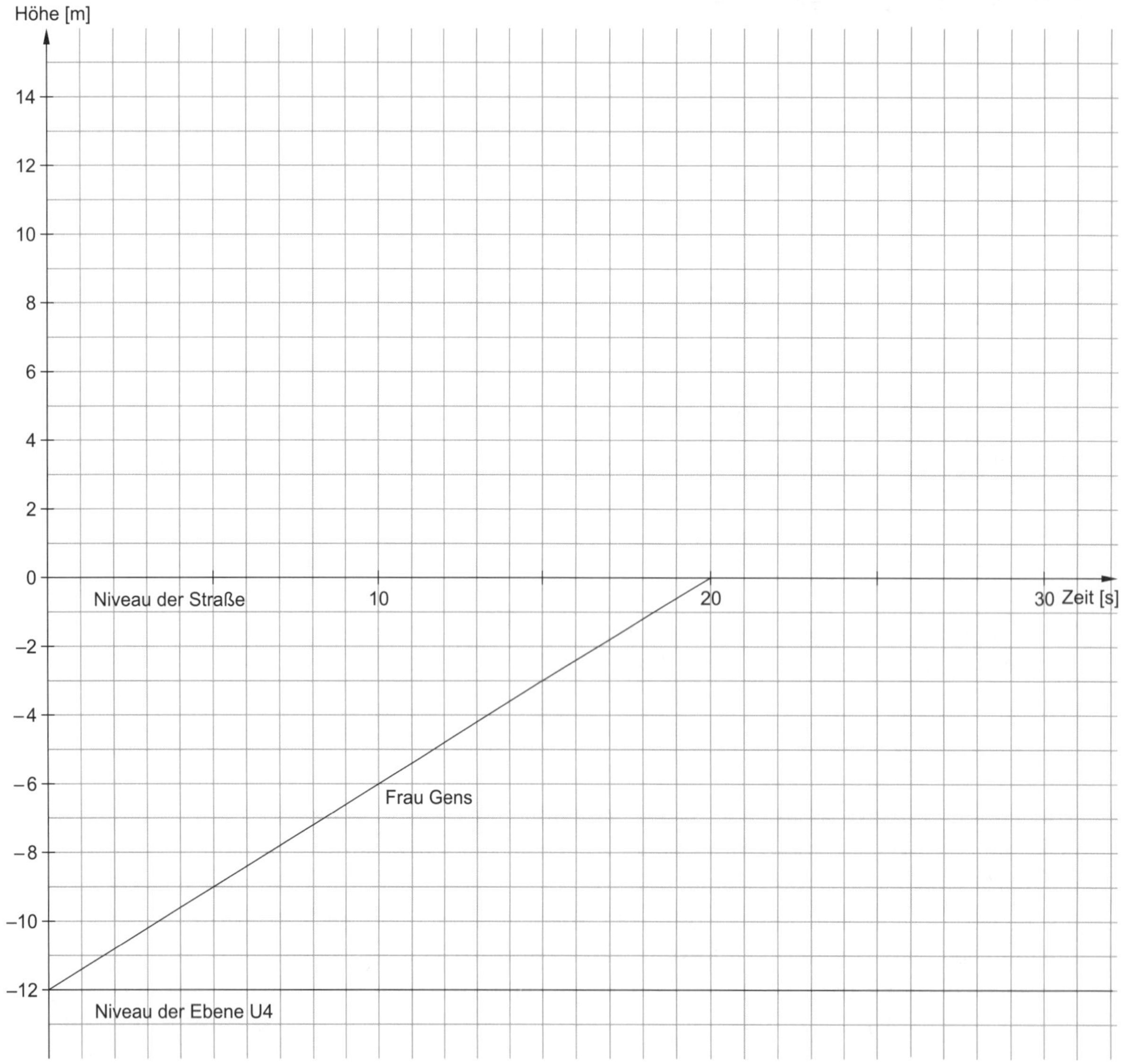

a Nach ______ Sekunden befindet sich Frau Gens auf Ebene U1 (3 m unter dem Straßenniveau).

b Nach einer Fahrt von 6 Sekunden ist Frau Gens ca. _______ m unter dem Straßenniveau.

c Herr Fedder fährt gleichzeitig mit Frau Gens aus Ebene U2 nach oben zur Ausfahrt. Seine Geschwindigkeit ist geringer als die von Frau Gens.
Zeichne einen möglichen Grafen für seine Fahrt in das Koordinatensystem ein.

d Frau Hastig steht mit ihrem Wagen auf dem Parkdeck O5. Sie fährt 5 Sekunden später als Frau Gens los und hat die gleiche Geschwindigkeit wie sie.
Zeichne den Grafen für ihre Fahrt bis zur Ausfahrt in das Koordinatensystem ein.
Wie viele Sekunden nach Frau Gens verlässt sie das Parkhaus?

e Herr Rolfe fährt 5 Sekunden später als Frau Gens los und hat die gleiche Geschwindigkeit wie sie.
Nach einer Fahrt von 10 Sekunden ist er auf Ebene O3.
Wo ist er gestartet?

f Ein Motorradfahrer kommt beim Hochfahren in 4 Sekunden von einer Ebene zur nächsten, beim Runterfahren braucht er dafür 3 Sekunden. Er startet gleichzeitig mit Frau Gens und fährt zunächst vom Straßenniveau bis in Ebene O3. Dort sucht er 5 Sekunden lang vergeblich nach einem freien Platz und fährt dann nach unten bis zur Ebene U1, wo er schließlich fündig wird.
Zeichne den Grafen für die Fahrt des Motorradfahrers ein.

g Herr Meyer kommt 5 Sekunden nachdem Frau Gens gestartet ist bei seinem Auto auf Ebene O1 an. Nachdem er weitere 5 Sekunden auf seine Frau gewartet hat, gibt sie ihm Bescheid, dass sie das richtige Parkdeck nicht findet und sich deshalb auf Ebene U3 befindet. Genervt fährt er doppelt so schnell wie Frau Gens nach unten bis Ebene U3.
Wo und wann befinden sich Herr Mayer und Frau Gens auf einer Höhe?

Tipp

Stelle die Fahrt von Herrn Meyer im Diagramm dar. ■

h Die Fahrt eines Kleintransporters im Parkhaus kann mit der Gleichung $y = -\frac{1}{3}x + 6$ (x = Zeit in Sekunden; y = Höhe zum Straßenniveau) beschrieben werden.
Auf welcher Ebene startet der Kleintransporter?

Nach wie vielen Sekunden erreicht er die Ausfahrt auf Straßenniveau?

i Gib eine Funktionsgleichung an, die die Fahrt von Frau Gens beschreibt.
(x = Zeit in Sekunden; y = Höhe zum Straßenniveau)

53 Anlässlich der Fußball-Europameisterschaft wurden symbolisch 16 dieser Riesenschuhe angefertigt. Stell dir vor, zwei Mannschaften mit Riesenspielern würden auf einem Fußballfeld mit so großen Schuhen spielen.

a Wie groß wären die Riesenspieler im Vergleich zu Fußballspielern mit normalen Schuhen und normaler Größe?

Tipp

Du kannst bei den folgenden Teilaufgaben immer von deiner hier angenommenen und begründeten Schuhgröße ausgehen. ▪

b Die Rasenspielfläche des Kölner RheinEnergieStadions hat die Maße 68 m × 105 m.
Wie groß sollte ein vergleichbares Spielfeld für die Riesenspieler mit den Riesenschuhen sein?

c In vielen Stadien sind um die Rasenflächen 400-Meter-Laufbahnen vorhanden.
Schätze zunächst, wie viele Runden du bei einem 10 000-m-Lauf zurücklegen müsstest, wenn um das Riesenspielfeld ebenfalls eine Laufbahn gebaut wäre.

☐ 1 ☐ 2 ☐ 5 ☐ 7 ☐ 10

Ermittle in etwa die Anzahl der zu laufenden Runden.

d Die Riesenschuhe und die normalen Schuhe werden in – bis auf die Größe – gleichen Taschen verstaut. Wie viele Schuhtaschen normaler Größe passen in eine Riesenschuhtasche?

54

Aktionsangebot 1

Kaufe 2 Hosen
und die günstigere wird 50 % reduziert.
(Jede weiter Hose wird regulär bezahlt.)

Aktionsangebot 2

Kaufe 3 Hosen
und die günstigste ist umsonst.
(Jede weiter Hose wird regulär bezahlt.)

a Jürgen kauft 2 Hosen. Welchen Preis muss er zahlen, wenn er Aktionsangebot 1 nutzt?

Jürgen muss ______________ € bezahlen.

70,– € 90,– €

b Hanna kauft 3 Hosen. Welchen Preis muss sie zahlen, wenn sie Aktionsangebot 2 nutzt?

Hanna muss ______________ € bezahlen.

70,– € 100,– € 80,– €

c Ingo will 3 Hosen kaufen. Welches Angebot sollte er nutzen?
Begründe durch eine Rechnung.

Ingo sollte Angebot ______ nutzen.

80,– € 30,– € 70,– €

Begründung:

d Heiner kauft ebenfalls drei Hosen. Für ihn ist es egal, welches Aktionsangebot er nutzt, der Endpreis ist gleich. Welche Preise könnten die drei Hosen haben?

______ € ______ € ______ €

e Erkläre allgemein für den Kauf von drei Hosen, bei welcher Preiskonstellation Angebot 1 und Angebot 2 gleich teuer sind.

55 Der Sportverein BSV Telge plant für die Fußballabteilung langfristig den Aufstieg in die Landesliga. Weil die alten Sportanlagen den Anforderungen der Landesliga nicht genügen und wegen dauernder Anliegerbeschwerden genehmigt die Stadtverwaltung den Bau einer neuen Sportanlage am Rande der Stadt. Hierzu muss erst noch Bauland erworben werden. Bauer Meyering hat einige Flächen, die er gegen andere tauschen würde, wenn er eine angemessene Ausgleichszahlung erhält.

a Welches der angebotenen fünf Grundstücke ist für den Bau einer etwa 2 ha großen Sportanlage am besten geeignet, wenn neben dem eigentlichen Spielfeld auch Tribünen, Sanitäranlagen, Vereinsräume und ein kleines Vereinslokal untergebracht werden sollen?
Berechne zuerst die Flächeninhalte der Grundstücke (Begrenzungslinien gehören zum Grundstück). Wähle dann das Geeignetste aus und begründe deine Entscheidung.

b Die Sportanlage muss natürlich auch Parkplätze für die Zuschauer anbieten. Die Vereinsführung kommt nach längeren Überlegungen zu dem Schluss, dass eine Parkplatzfläche für 200 Pkw geschaffen werden muss. Für die Fahrwege werden 8 % der Parkplatzfläche veranschlagt.
Schätze, wie viel Quadratmeter für den Parkplatz benötigt werden. Schreibe auf, wie du zu deiner Schätzung gelangst.

Tipp

Schätze die Maße eines Autos und bedenke, dass die Autos sicher ein- und ausparken können müssen. ■

c Bauer Meyering will auf einer der eingetauschten Flächen Spargel anbauen. Um guten Spargel zu ernten, werden die Spargelreihen traditionell zu Dämmen aufgeschüttet. Wie du auf dem Bild erkennen kannst, entsprechen die Spargelreihen trapezförmigen Prismen (Spargeldamm). Bauer Meyering legt auf einem Feld von 50 m Breite und 200 m Länge 25 Spargelreihen an.
Wie viel Kubikmeter Mutterboden sind in den trapezförmigen Reihen (Prismen) aufgeschüttet worden?

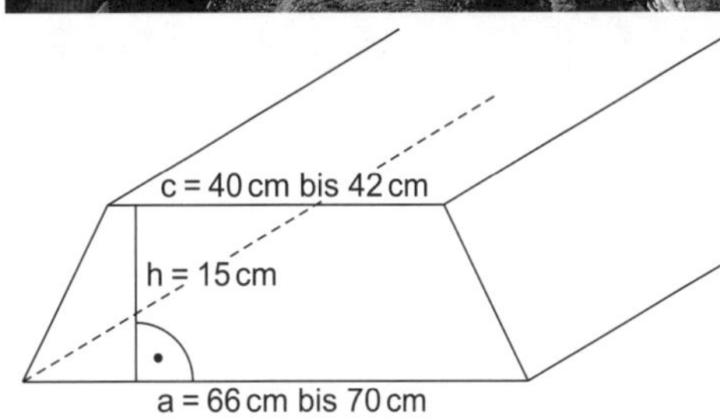

Tipp

Rechne mit a = 70 cm und c = 40 cm. ■

d Im Jahr 2010 sind auf den Spargelfeldern von Bauer Meyering pro Hektar 5 Tonnen Spargel erwirtschaftet worden. Er hat einen durchschnittlichen Verkaufspreis von 6,00 € pro Kilogramm erzielt. Nach Abzug aller Kosten bleibt ihm ein Gewinn von 15 %.
Ist sein Gewinn höher oder niedriger als 3 000,00 €?
Ermittle seinen Gewinn und vergleiche mit dem genannten Betrag.

e Für den Spargelanbau benutzt Bauer Meyering zur Zeit 20 % seiner Anbauflächen. Neben Spargel baut Bauer Meyering auch noch Erdbeeren (10 %), Himbeeren (10 %) und Kartoffeln (30 %) an, dazu hat er noch eine große Apfelbaumplantage (20 %), den Rest seiner Flächen lässt er jährlich unbewirtschaftet.
Du sollst für Bauer Meyering ein Informationsblatt gestalten, auf welchem sofort erkennbar wird, wie Bauer Meyering seine Anbauflächen nutzt. Stelle dazu die Flächennutzung und die zu erwirtschafteten Erträge jeweils in einem Diagramm dar.
Hierzu erhältst du noch folgende Informationen:
Durchschnittliche Erträge pro Hektar:
Erdbeeren $\left(9{,}5\,\frac{\text{t}}{\text{ha}}\right)$, Himbeeren $\left(5\,\frac{\text{t}}{\text{ha}}\right)$, Kartoffeln $\left(26{,}5\,\frac{\text{t}}{\text{ha}}\right)$, Äpfel $\left(19\,\frac{\text{t}}{\text{ha}}\right)$.

Tipp

Fertige eine Tabelle mit den benötigten Daten an. In welchem Diagramm taucht die unbewirtschaftete Fläche auf? ■